Bibliografische Information der Deutschen Nationalbibliothek:

Die Deutsche Bibliothek verzeichnet diese Publikation in der Deutschen Nationalbibliografie; detaillierte bibliografische Daten sind im Internet über http://dnb.d-nb.de/ abrufbar.

Impressum:

Copyright © 2017 GRIN Verlag, Open Publishing GmbH
Druck und Bindung: Books on Demand GmbH, Norderstedt Germany
ISBN: 9783668374898

Michael Dienst

Performance und Downsizing von Surfboardfinnen

Beitrag zur Phänomenologie und Strömungswirklichkeit

GRIN Verlag

Performance und Downsizing von Surfboardfinnen
Beitrag zur Phänomenologie und Strömungswirklichkeit

Mi. Dienst, Berlin im Januar 2017

Intro

Leistungsinspiriertes Downsizing (Verkleinerung, Verringerung)[1] bedeutet die Einflußnahne auf technische Parameter einer Konstruktin bei gleicher Leistungsfähigkeit (Performance) des Systems. Oftmals verändern sich auch andere geometrische, funktionale und Prozessführungsgrößen in eine positive Richtung. Durch die mit Kompaktheit und Anpassungsfähigkeit einhergehenden Veränderungen der avisierten Zielkonstruktionen werden gegebenenfalls sogar Resilienzanforderungen an zukunftsweisende Technik positiv bedient. Dies sollte auch bei Surfboardfinnen gelten und ist Gegenstand der nachfolgenden Betrachtungen. Beim Downsizing ist in erster Linie von Interesse, welchen Einfluß die jeweiligen Gestaltungsparameter auf die Finnenperformance ausüben. Betrachtet man den Stand der Surfboardtechnik und Technologie, so ist offensichtlich, dass deren Leit- und Steuertragflächen im Bereich des Hecks von Surfboards wirksam sind. Das Manövrieren erfolgt mit körperkontrollierten, dem Board aufgeprägten Bewegungen und diese wiederum durch Gewichtsverlagerung des Surfers, respektive der Surferin. Surfboardfinnen sind wahrscheinlich die elementarsten Leit- und Steuertragflächen für Seefahrzeuge überhaupt. Hierin liegt der besondere Reiz dieser Forschung, denn die anzufertigenden Modelle sind zugleich Funktionsprototypen im Maßstab 1: 1. Eine hoch zu bewertende Eigenschaft. Für die Montage von unterschiedlichen Finnen an Surfboards sehen die marktführenden Hersteller verschieden standardisierte Einbauflansche vor. Die Konstruktion besteht aus wenigen Einzelteilen. In der Regel finden wir bei einem Surfboard eine Box vor, in die der fluidmechanisch wirksame Tragflügel der Finne formschlüssig eingesteckt wird (PLUG). Die meisten Hersteller bevorzugen Flansche, die primär kraftschlüssig verbinden. Für Surfboards in Fahrt und beim Manövrieren ist neben der hohen mechanischen Belastung der strömungsmechanisch wirksamen Bauteile die optimale und an Strömungswiderständen arme

---

[1] Downsizing, nach: https://de.wikipedia.org/wiki/Downsizing

Funktionsweise entscheidend für die Fahrleistung. Grundsätzlich sind bei leistungsoptimierten Seefahrzeugen vom Stand der Technik und all ihren Bauteilen Robustheit und Anpassungsfähigkeit (Resilienz), perfekte Funktion und lange Lebensdauer bei geringem Gewicht von Bedeutung.

Der Finnentragflügel wird am Finnenwurzelbereich (Plug, Base, Finnen-Sockel) form- bzw. kraftschlüssig mit einem in das Surfbrett eingelassenen Finnen-Aufnehmer (Box, Finnen-Terminal) gefügt. Hierfür bieten div. Hersteller unterschiedliche Standards an. Für die nachfolgenden Untersuchungen hat uns unser Forschungspartner das System *FUTURES* empfohlen. Unabhängig von Geometrien und Bauweisen für den Finnentragflügel, ist der Finnensockel ein standardisiert: Rechteckprisma: Länge LS=114,5[mm], Sockel-Tiefe TS=15[mm], Dicke DS=7[mm]. Soll nun der Sockel nicht schmaler sein als der Tragflügel selbst, ergibt sich zwangsläufig eine sehr schlanke Basis für ein Profil mit einer auf die Tragflügeltiefe t bezogenen Dicke d von d/t =6%. Für den Profilentwurf von Surfboardfinnen ist dies ein erster und entscheidender Gestaltungshinweis.

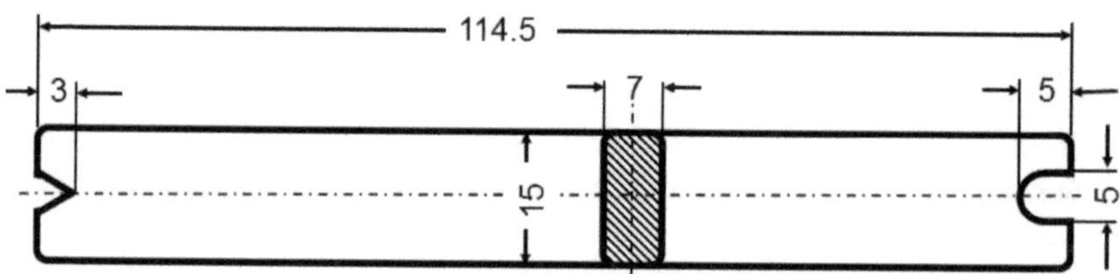

Abb. 1: Schematische Darstellung des Finnensockels in den Abmessungen des Systems *futures*[2].

Die Performance einer Surfboardfinne wird von einer Vielzahl von Konstruktions- und Betriebsparametern bestimmt. Neben der Querkraft-leistung interessieren die Verluste im Betrieb. Surfboardfinnen gehören zum Lateralplan und bilden mit symmetrischem Profil genau dann einen fluiddynamisch wirksamen Tragflügel aus, wenn eine nichtaxiale Anströmung gegeben ist. Für das Flügelende der Finnen, insbesondere den Randbogen (die Kontur des vom Surfbrettkörper abweisenden, freien Surfbrett-finnen-Flächenendes), sind unterschiedliche Formen bekannt. Liegt nun der Schwerpunkt der Entwicklungsarbeit in die Erhöhung der Querkraftleistung der

---

[2] **futures.** 5452 mcfadden ave, huntington beach, ca 92649, Support: 714-891-1695

Tragflügelfläche, liefert eine (größer) skalierte Tragfläche bei gleichem Strömungsprofil mehr Querkraft.

Ist die Skalierung nichtisotrop, wird etwa die Umrissgestalt und/oder der Schlankheitsgrad der Tragfläche variiert, ändert sich das Bild. Bei konstanter, gleichbleibender Tragflügelgestalt, kann der Konstrukteur Einfluss nehmen auf die Oberflächenbeschaffenheit. Für schlanke Körper wie Tragflügel, ist der Anteil der Reibung erheblich. Reibung wird in erster Linie durch den Charakter der wandnahen Strömung bestimmt; diese kann laminar oder turbulent sein.

In Fahrt und beim Manövrieren ist die Fähigkeit einer Tragfläche entscheidend, eine nicht axiale Anströmung in Querkrafterhöhung umzusetzen.

Die wenigen uns physisch vorliegenden Finnen tragen Profile, die wir nicht kennen. Für die Profile rezenter Surfboardfinnen wird in der Literatur und insbesondere bei den Praktikern auf NACA-Profilreihen verwiesen[3]; und tatsächlich weist das von einer Finne der Firma *FUTURES* abgeformte Profil eine hinreichende Übereinstimmung mit einem Profil aus der vierstelligen NACA-Reihe auf. Für ein Finnenprofil mit einer auf die Tragflügeltiefe t bezogenen Dicke d von d/t =6% finde ich gesicherte Leistungsdaten für das Profil NACA 0006 in der einschlägigen Literatur (vergleiche: Ira H. Abbott, Albert E. von Doenhoff: Theory of Wing Sections [Abbo-59]) und erkläre dieses Profil zum Stand der Technik von Surfboardfinnen. Die Profilkontur NACA0006 ist das Referenzsystem in der nachfolgenden Untersuchung.

Downsizingaspekte und Finnen-Performance

Das sinnfälligste Arbeitsergebnis einer Downsizing-Kampagne ist die schlichte Abnahme der Größe, messbar in der Tragfläche (Area) der Finne. Isotrope Skalierung führt auf eine Verringerung der Tragflügellänge, der Finnentiefe (Fin Depth), jedoch nicht auf eine Änderung der Winkeligkeit der Geometrie, die sich bei Surfboardfinnen als Pfeilung (Fin Rake, Sweep) darstellt. Schlankheitsgrad (Aspect Ratio) und die grundsätzliche Finnenumrissform (Shape) sind im Falle isotroper Skalierung gegenüber dem Doensizing inerte Parameter. Ein hochinteressanter Aspekt ist das Tragflügelprofil. Hier tauchen beim Downsizing neue Qualitäten der Finnenperformance im Betrieb und für den Konstrukteur überraschende Gestaltungsoptionen auf. Während die gesamte Tragflügelgeometrie beim Downsizig zur Disposition steht, gilt dies für den

---

[3] http://users.tpg.com.au/users/mpaine/thesis.html#nacadata

Montageflansch (Plug) nicht. Es sind wohl in erster Linie fertigungstechnische Gründe, die in der Vergangenheit maßgeblich die Auswahl der Finnenprofile dominierten. Mit paradigmatischer Vehemänz bleibt bei Surfboardfinnen vom Stand der Technik die Dicke der realisierten Profilkontur immer unterhalb oder gleich der zulässigen Flanscstärke. Beim System *FUTURES* sind dies genau 7.0 [mm] bei einer Länge des Plugs von 114 [mm]. Die Kontur des Finnenprofils ist damit auf Profilserien mit einer maximalen Profildicke von $d/t = 6\%$ limitiert, was im Falle standardisierter Konturen auf das auch messanalytisch ermittelte Profi NACA 0006 führt. Diese doch sehr schlanken Standardprofile sind aus fluidmechanischer Sicht alles andere als ein Glücksgriff. Erst mit zunehmender Profildicke sind die Profile Leistungsfähiger und arbeiten die diese Strömungskörper robuster gegenüber Schwankungen des Anstellwinkels. Genau hier sind die größten Geschenke einer Downsizingkampagne zu erwarten: in der Betriebsrobustheit und der Prozeessführung. Ein isotrop skalierter Tragflügel, der im gleichen Finnensockel und Montageflansch eines Surfboards arbeitet, darf an Profildicke zulegen. Selbst 2% mehr Profildicke lassen schon einen signifikanten Leistungs- und Resilienzzuwachs erwarten. Doch lassen wir – bei aller positiver Erwartung – die angesprochenen Gestaltungsparameter nicht unerörtert.

Finnen-Größe (Tragfläche) / Area. Die Größe der Tragfläche hat natürlich direkte Auswirkung auf die Performance der Finne. Eine größere Finne vermittelt dem Surfer mehr Halt und Kontrolle über das Surfen. Andererseits ist eine geringere Tragfläche fehlertoleranter, erhöht aber den Antriebs- und Steueraufwand in der Brandung. Durch (nichtisotrope) Skalierung lassen sich bei gleicher Finnenumrissform (Shape) Serien unterschiedlich großer Tragflächen formulieren. Mit der skalierten Finnenfläche ändert sich das fluidmechanische Tragvermögen (die generierbare Querkraft), der Reibungswiderstand wächst quadratisch, der Formwiderstand und die zugrunde zulegende Reynoldszahl linear, wohingegen der induzierte Widerstand vom (bei nichtisotroper Skalierung konstanten) Schlankheitsgrad der Finne abhängt. Downsizing der Finnentragfläche hat direkte Auswirkungen auf die Performance des Systems im Betrieb.

Finnen-Tiefe (Tragflügellänge) / Fin Depth. Moderne Surfboardfinnen weichen in ihrer Form deutlich von der Kontur klassischer Kraft- oder Arbeitstragflügels ab und eine ganze Schar beschreibender Parameter ist erforderlich um sie zu spezifizieren. Die Finnentragflügellänge (mit der Tragflügeltiefe wird im Allgemeinen die „Profiltiefe", die Selenlänge der Profilkontur, bezeichnet) ist eine leicht zu messende, aber nicht immer aussagekräftige Größe. Grundsätzlich hat eine weit in das Fluid ragende (tiefe) Tragfläche aus rein geometrischen Überlegungen heraus, einen auch weit (in das Fluid) ragenden Druckmittelpunkt. Der Druckmittelpunkt ist der gedachte Ort, an dem man sich die Gesamtheit aller Auftriebskräfte vereint vorstellen darf, also der integrale Querkraftmittelpunkt, der aber vom Mittelpunkt der Reibungs- Form- und induzierten Widerstandskraft verschieden ist. Ein weit in das Fluid ragender (tiefer) Druckpunkt verleiht dem Board in Fahrt Halt und Kursstabilität; Kurven sind definiert und das Manövrieren wird eindeutiger. Downsizing der Finnentragflügellänge wird die „Drastik" von Manövern verringern. Die relative Profiltiefe nimmt zu, wenn die Finnentiefe abnimmt; man sagt: die „Aspect Ratio" verkleinert. Dies hat Einfluß auf das Widerstands-gebaren der Finne.

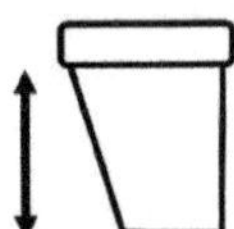

Pfeilung der Finne / Fin Rake, Fin Sweep. Die an der Vorderkante (positiv) und an der Hinterkante (negativ) gepfeilte Finne sieht nicht nur „schnittig" aus, eine Pfeilung der Tragfläche ist auch aus strömungsmechanischer Sicht vorteilhaft. Besitzt die Kurve aller Staupunkte der Profilkonturen des Tragflügels (der Staupunktlinie am Bug der Tragfläche) eine Neigung stromabwärts (Flucht) wird die Richtungsstabilität der Finne verbessert und es treten so genannte Reynoldseffekte (Verlängerung der signifikanten Länge (bei Re=L v /v) und weitere vorteilhafte Effekte, etwa Verschiebungen der Separation in der turbulenten Grenzschicht (Stall), auf[4]. Die Pfeilung beschreibt den Winkel zwischen Tragflügel und Querachse und ist in der Regel positiv (beide Kanten der Tragflächen sind nach hinten gezogen). Es ist aber davon auszugehen, dass bei Surffinnen das Augenmerk eher auf der durch die Neigung veränderte Strukturelastizität des Tragflügels liegt.

---

[4] Die Krümmung der Stromlinien am Grenzschichtrand führt zu dreidimensionalen Geschwindigkeitsprofilen in der Grenzschicht. Durch die darin vorhandenen Wendepunkte wird die Grenzschicht reibungslos instabil. Insbesondere führen Querströmungswirbel zu einer eine Querströmungsinstabilität, deren Anfachung am gepfeilten Flügel üblicherweise den Übergang vom laminaren in den turbulenten Zustand der Grenzschicht auslöst. Der Einfluss der zweidimensionalen Tollmien-Schlichting-Wellen tritt hier in den Hintergrund. Dadurch vollzieht sich der laminar-turbulente Übergang nahe der Tragflügelnase. Tragflügel üblicher Pfeilung werden nahezu vollturbulent umströmt.[Wikipedia]

Eine negative Pfeilung führt zu einer Auftriebs-Überhöhung im Bereich der Flügelwurzel und zu einer Reduktion (der Auftriebswerte) im Außenbereich. Ein weiterer Effekt des Pfeilflügels ist die geringere Empfindlichkeit gegenüber Strömungs-richtungswechsel (Geschwindigkeitsgradient) der sich als Änderung der Strömungsrichtung zeigt (in der Aeromechanik: geringe Böenempfindlichkeit). Dies gilt auch für Tragflügel, die im Wasser arbeiten. In erster Näherung sollte die Finnenperformance inert gegenüber isotropes Downsizing sein.

Finnenumrissform / Shape. Die wohl kontroversesten Diskussionen über die Leistungseigen-schaften unterschiedlicher Surfboardfinnen erhitzen sich an der Umrissform der Tragflügelfläche. Oben erörterten wir, welche physikalischen Wirkungen die pure Größe der Tragfläche, die bug- und heckwärtige Pfeilung und das (mittlere) Längen- Tiefen-Verhältnis, der Schlankheitsgrad der Finnenkontur haben mögen.
Die Szene belässt es derzeit bei qualitativen Wirkungsunterschieden. Die mit der Forschung um Surfboards Befassten kommen dann auch zu sehr ähnlichen Einschätzungen, aus welchen Gründen auch immer. Gerade der Einfluss der Tragflächengestalt, der Einfluss der Kontur und der Umrissform eines Flügels auf die „Finnen-Performance" besitzt vertrackte Ursachen. Zukünftige experimentelle Laboruntersuchungen, Freifeldversuche und natürlich zeitgemäße computergestützte numerische Simulationen (Computational Fluid Dynamics, CFD) werden Fragen rund um das FinnenDesign bearbeiten und auch beantworten. Ein wichtiger Parameter bei der Entwicklung einer Finne ist deren Auftrieb- und Widerstandsgebaren; hier kommt der Auswahl eines geeigneten Finnenprofils (also der Querschnittsfläche des Tragflügels, wing section) eine wichtige Rolle zu. Die Profilauswahl bildet aber auch einen Zusammenhang mit der Tragflächenkontur. Hat sich der Konstrukteur für einen bestimmten Tragflügelprofil-Typ entschieden, steht er vor der Frage, wie dieses Profil über die Länge des Flügels zu skalieren ist, damit sich der Charakter der ausgewählten Profilkontur in den physikalischen Eigenschaften der Finne wiederfindet. Dies ist selbst für einfach gestaltete Finnen mit übersichtlicher Tragflügelgeometrie eine anspruchsvolle Aufgabe. Auch hier wird die Finnenperformance von geringem Einfluß gegenüber isotropem Downsizing sein.

Schlankheit der Surfbrettfinne / Aspect Ratio. Der induzierte Widerstand, resultierend aus der Kantenumströmung des realen, endlichen Tragflügels nimmt eine Sonderstellung unter den Partial-widerständen einer Aussenströmung ein. Neben dem Auftriebsgebaren des Tragflügels spielen auch geometrische Parameter eine Rolle.

Der Druckunterschied zwischen der Tragflügelunterseite (relativer Überdruck) und der Tragflügeloberseite (relativer Unterdruck) führt am Randbogen des endlichen Tragflügels (Tragflügelkante) zu einer Umströmung und zur Ausbildung eines energiereichen Randwirbels.

Das Tragflächensystem führt dabei Energie in die Strömung ab. Das ist ein sehr intensiver und auch effektiver Vorgang. Im Fall einer umströmten Leit- und Steuertragfläche bedeutet ein „intensiver und effizienter" Prozess, dass (im Vergleich zum Gesamt-Energieaufkommen des Flügels) ein bedeutsamer Teil der zum Manövrieren aufgebrachten Energie in die Strömung eingekoppelt wird. Nach dem „Auftriebssatz von Kutta und Joukowski kann die Intensiität des Randwirbels aus der Zirkulation Γ abgelesen werden. Die Zirkulation Γ am Tragflügelende besitzt die Einheit $[m^2s^{-1}]$ und hängt ab vom Druckgradient zwischen Tragflügelunter- und Oberseite, der Anströmge-schwindigkeit und der Geometrie der Tragfläche. Als Anströmgeschwindigkeit wird in der einschlägigen Literatur die Geschwindigkeit des Fernfeldes, also $V=v_\infty$ $[ms^{-1}]$ angegeben. Bei der Profilanalyse führt die Integration des Druckgradienten auf den dimensionslosen Auftriebskoeffizienten c_L und auf den Widerstans-koeffizienten C_W, den wir an dieser Stelle nicht betrachten. Als Geometrieparameter bei der Ermittlung der Zirkulation um ein Tragflügelende wird nach Kutta und Joukowski die Tragflügeltiefe L [m] also der Länge des Tragflügels, von der Flügelwurzel (Root) bis zur Tragflügelspitze (Tip) angegeben.

$$\text{Zirkulation } \Gamma\ [m^2s^{-1}] \qquad\qquad \Gamma = \tfrac{1}{2}\ c_A\ v_\infty\ L$$

Diese Formel erinnert an den Zählerterm der Reynolds-Similarität $(v_\infty\ L)$ in $[m^2s^{-1}]$, die das Verhältnis von spezifischer Impulskonvektion zu Impulsdiffusion im System (Verhältnis von Trägheitskräfte zu Zähigkeitskräfte an einem Strömungsbauteil der signifikanten Länge L) darstellt. Es zeigt sich, dass das Turbulenzverhalten geometrisch ähnlicher Körper bei gleicher Reynolds-Zahl identisch ist. Unter der Annahme einer elliptischen Auftriebsverteilung (Prandtl) auf einer Tragfläche mit der Fläche A $[m^2]$, kann ein Beiwert für den Induzierten Widerstand c_i der endlichen Tragfläche angegeben werden, mit dem dann - in vollständiger Analogie zu den anderen Kräften an der Tragfläche - die Widerstandskraft aus dem Randwirbelgeschehen R_i, dem „Induzierten Widerstand R_i", errechnet werden kann.

Beiwert des induz. Widerstands:[5] $\quad c_i \quad$ [-] $\quad c_i = c_L^2 / \pi\lambda$

Der induzierte Widerstand: $\qquad\quad R_I \quad$ [N] $\quad R_I = c_i \cdot A \cdot v^2 \cdot \rho/2$

$$\mathbf{R_I} \quad \mathbf{[N]} \quad \mathbf{R_I = c_L^2 \cdot L \cdot t \cdot v^2 \cdot \rho/2\pi\lambda}$$

$$R_I \quad [N] \quad R_I = 2\,\rho\,\Gamma^2$$

Prandtls Annahme einer elliptischen Auftriebsverteilung liefert einen idealisierten Wert, das Minimum des induzierten Widerstands für eine Rechtecktragfläche $A=L{\cdot}t$ [m^2] mit der Tragflügeltiefe L [m], der (gemittelten) Profiltiefe t [m] mit $t=(t_{ROOT}+t_{TIP})/2$ und mit dem Schlankheitsgrad $\lambda=A{\cdot}L^{-2}$ (Aspect Ratio) sofern der (Lift-) Querkraftkoeffizient c_L der jeweiligen Profilkontur bekannt ist. Der Querkraftkoeffizient c_L muss natürlich für jeden relevanten Anstellwinkel α errechnet oder gemessen werden.

Wenn nicht explizit Kräfte berechnet, sondern zwei oder mehrere Tragflügel beurteilt werden sollen, ist die leicht zu ermittelnde Zirkulation ($2{\cdot}\Gamma=c_A{\cdot}v_\infty{\cdot}L$) eine sehr freundliche (lineare) Vergleichsgröße[6]. Die Zirkulation um eine Tragflügelspitze fassen wir gerne als eine „Metapher für die Währung" auf, in der man als Konstrukteur „bezahlen" muss, wenn man seine Sache gut gemacht, eine besonders leistungsfähige Profilkontur entwickelt hat und der Tragflügel hohe Auftriebswerte erzielt. Schade eigentlich, dass man Querkraft so teuer bezahlt! Mit dem Lift-Koeffizienten c_L wächst der Widerstand aus der generierten Zirkulation quadratisch an (wegen: Beiwert des induzierten Widerstands $c_i={\cdot}c_L^2/\pi\lambda$) und nimmt einen großen Teil der zum Fahren, zum Fliegen oder – wie bei unseren Surfboardfinnen – die zum Manövrieren aufgebrachten Energie wieder aus dem System (der fluidmechanisch wirksamen Leit- und Steuertragfläche) heraus, um sie in die Strömung einzuspeisen. Das ist kein guter Deal. Der Anteil des Induzierten Widerstands am gesamten um einen Tragflügel herrschenden Widerstandsgebarens kann bis zu 70% betragen. Die Zirkulation ist eine extrem „sensitive" Beurteilungsgröße. Dies wird deutlich, wenn man bedenkt, wie eng strömungsmechanische Effekte vom Medium (und damit beispielsweise von den Transportkoeffizienten, etwa der kinematischen Viskosität) abhängen, in denen sie stattfinden (näheres klärt

---

[5] gemäß elliptischer Auftriebsverteilung nach Prandtl

[6] Beispiel: eine Nullfinne (L=0.1 [m]) mit dem Profil ELL0550 und mit einem $c_L(\alpha=10°) = 0.4$ [-] hat im Manöver (v=3[ms^{-1}]) eine Zirkulation von $\Gamma = \frac{1}{2} \cdot c_A \cdot v_\infty \cdot L = 0.5 \cdot 0.4 \cdot 3[m] \cdot 0.1[m\ s^{-1}] = 0.06\ [m^2 s^{-1}]$.

die einschlägige Literatur[7]. Die Finnenperformance könnte empfinglich auf die Änderung Schlankheit des Tragflügels reagieren.

Definition einer referentiellen NULL-Finne

Die hier postulierte „NULL-Finne" ein fiktionales System. Niemand - außer uns - würde diese Finne bauen. Kein Surfer würde die Null-Finne unter sein Board klippen, durch die Welle pflügen oder sich gar damit am Strand zeigen.

Die NULL-Finne besitzt eine einfache, sinnfällige Tragflügelkontur (Trapez-Flügel mit mäßiger Pfeilung an der Profilvorderkante und ohne Pfeilung an der Hinterkante), ihre Gestalt ist ausgewogen, vermeidet Extrema (Schlankheitsgrad, Aspect Ratio) und ist mit RP-Technik umgehend zu fertigen. Als Terminal wählen wir das *FUTURES*-System (kurzes Plug der Center-Fin).

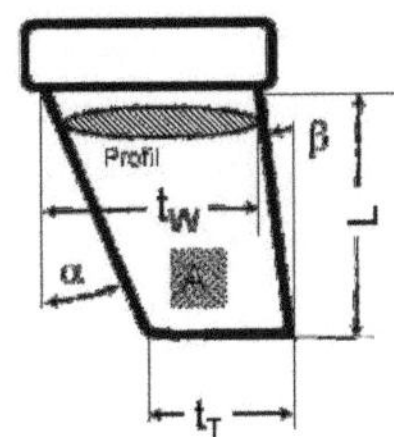

Vorgegebene und abhängige Geometriedaten				NULL-Finne
Profiltiefe (Wurzel)	t	m	0.1	0.10
Profiltiefe (Randbogen, Tip)	t_T	m	$0.7 \cdot t$	0.07
Tragflügellänge	L	m	$1.2 \cdot t$	0.12
Terminal Breite	b	m	0.07	0.07
Pfeilungswinkel vorn	α	°	$\alpha = \arctan((t-t1)/L)$	16
Pfeilungswinkel hinten	β	°		0
Schlankheit (Aspect Ratio)	λ	-	$\lambda = 2 \cdot L / (t+t_T)$	1.4
laterale Tragflügelfläche	A	m^2	$(L \cdot t) - (L^2 \tan \alpha)/2$	0.0102
benetzte Tragflügelfläche	A_b	m^2	$(2 \cdot L \cdot t) - (L^2 \tan \alpha)$	0.0204
projez. Anströmfläche	A_S	m^2	$d \cdot L$	0.0072
Profildicke(Wurzel) NACA 0006	d_W	m	$d_W = 0.06\,t$	0.07
Profildicke(Tip)　　NACA 0006	d_T	m	$d_T = 0.06\,t_T$	0.049
Dickenrücklage　　NACA 0006	df	m	$df = 0.3t$ (für Wurzel)	0.03

Tabelle: Spezifikation der referentiellen NULL-Finne.

Nullfinne als LAB-Fin: LABORTRAGFLUEGEL [100] [7] [120] [70] [NACA0006] [glatt]

---

[7] http://homepages.hs-bremen.de/~kortenfr/Aerodynamik/script/node43.html

Die referentielle NULL-Finne ist ein Container, der mit unterschiedlichen Profilkonturen beladen werden kann. Das originäre System besitzt eine Profilkontur aus der 4-stelligen Serie symmetrischer NACA-Profile [8] mit d/t=6[%] Durchmesser (NACA 00 06) so dass bei einer Profiltiefe von t=100 [mm] die Materialstärke am Terminal (b=6 [mm]) erreicht wird.

Die Dickenrücklage der 4-stelligen NACA-Profile ist für kleine Profil-dicken auf df=0.3·t determiniert. Auftrieb- und Widerstandsbeiwerte der Profilserie sind bekannt[9]. NACA Profile der 4-stelligen Serie zeichnen sich dadurch aus, dass die Kontur y(x) durch ein Polygon 4.ten Grades angegeben wird, was – vor dem Hintergrund einer Fertigung mit RP-Techniken - die Portation der Datenfiles erleichtert.

Abb.: Die NULL-Finne in einem hübschen Kontext. ® Mi. Dienst Sommer 2016.

---

[8] Polygon der Profilekontur der vierstelligen NACA-Serie:
$$y(x)_{NACA}=y_{MAX} \cdot (a_0 \cdot x^{1/2} +a_1 \cdot x +a_2 \cdot x^2 +a_3 \cdot x^3 +a_4 \cdot x^4)$$
[9] Ira H. Abbott, Albert E. von Doenhoff: Theory of Wing Sections: Including a Summary of Airfoil Data. Dover Publications, New York 1959,

Die Standardfinne LABFin

Die Standardisierung betrifft eine vollparametrisierte Laborfinne (Surfboardfinne, nachfolgend „LAB-Fin" benannt), deren Gestalt mit geringen deklaratorischen Mitteln beschreiben werden kann. Die Laborfinne ist als Technik- und Technologiedemonstrator geeignet. Der Standardisierung liegt die Idee einer fludmechanisch wirksamen Leit- und Steuer-tragfläche für kleine Seefahrzeuge zu Grunde, die durch einfache geometrische Elemente beschrieben und durch lediglich vier Parameter eindeutig definiert ist. Die Finne ist zur gestaltkompatiblen Montage an ebenfalls standardisierte Einbauflansche für Surfboards diverser Hersteller geeignet. Der Tragflügel der Surfboardfinne besitzt eine strömungsmechanisch wirksame und bauartbedingt, eine achssymmetrische Profilkontur. Die Surfboardfinne kann skaliert und paramertrisiert werden derart, dass sie für diverse Anströmbedingungen fluidmechanisch wirksam und geeignet ist. Es sollen unterschiedliche Tragflügelprofile realisierbar sein. Ist das Profil nicht Bestandteil der Deklaration gilt die Profilkontur „ebene Platte".

Über den Stand der Technik bei Leitflächen an Surfboards. Surfboardfinnen sind als Leit- und Steuertragflächen im Bereich des Hecks eines Surfboards wirksam. Für die Montage von unterschiedlichen Finnen an Surfboards sehen die marktführenden Hersteller unterschiedlich standardisierte Einbauflansche vor. Bei Surfboards in Fahrt und beim Manövrieren ist neben der hohen mechanischen Belastung der strömungsmechanisch wirksamen Bauteile im Bereich des Unterwasserschiffes die optimale und an Strömungswiderständen arme Funktionsweise entscheidend für die Fahrleistung. Grundsätzlich sind bei leistungsoptimierten Seefahrzeugen vom Stand der Technik und all ihren Bauteilen Robustheit, Formhaltigkeit, Funktion und Lebensdauer bei geringem Gewicht von Bedeutung. Zum Lateralplan eines Seefahrzeugs zählen alle fluidmechanisch wirksamen Leitflächen im Unterwasserbereich. Bei Surfboards vom Stand der Technik gehören die als Leitflächen ausgeführten Finnen am Heck zum Lateralplan. In Fahrt bilden fluidmechanisch wirksame Leitflächen im Unterwasserbereich mit symmetrischem Profil nach Stand der Technik dann einen fluiddynamisch wirksamen Tragflügel aus, wenn eine nicht axiale Anströmung gegeben ist. Dies gilt insbesondere für Surfboardfinnen mit symmetrischem Profil nach Stand der Technik.

Die aus dem hydrodynamischen Auftriebsgebaren der Surfbrettfinnen resultierende Querkraft wird beim Manövrieren genutzt. Surfbrettfinnen nach Stand der Technik sind üblicherweise aus (symmetrisch profiliertem) Vollmaterial. Für das Flügelende der Leit- und Steuertragfläche, insbesondere den Randbogen (die Kontur des vom Surfbrettkörper abweisenden, freien Surfbrettfinnenflächenendes) sind unterschiedliche Formen bekannt.

Über den Stand der Technik und der Wissenschaft der Physikalischen Modelle. Simulationssoftware nimmt in den naturwissenschaftlichen und ingenieurwissenschaftlichen Berufsfeldern einen zunehmend größeren Anteil ein (organisatorisch, zeitlich und Kosten). In klassischen maschinenbaubetonten Produktentwicklungs- Methodiken, wie etwa der VDI-R 2221, werden bereits in der frühen Phase Wirkprinzipien und Funktionsmodelle nachgefragt; sie geben erste Auskünfte über Form und Art, Abmessungen, Anordnung und Anzahl der Gestaltungselemente eines frühen Entwurfs und bilden die Entscheidungsgrundlagen für die weitere Entwicklung. An Bedeutung gewinnen gegenständliche Modelle, die mit Rapid Prototyping-Verfahren (RP) direkt aus den CAD-Datenbeständen generiert werden können. Experimentieren mit gegenständlichen Modellen umfasst das ganze Spektrum sehr einfacher Tests bis hin zu aufwändigen Erprobungen mit Prototypen und Vorläuferprodukten. Beanspruchungsmodelle dienen der Klärung des Bauteilverhaltens bei äußerer Beanspruchung (statisch, dynamisch, Schwingung, isolierte Kräfte), Verformungs- und Funktionsmodelle zur Analyse des Bauteilverhaltens hinsichtlich Kinematik, Dynamik, thermischen, elektrischen und chemischen Verhaltens. Ergonomiemodelle und Anmutungen dienen zur Erprobung der Handhabung, Montage, Bedienung und von Nutzungsszenarien im Anwendungsfeld sowie zur Vermittlung eines realistischen Eindrucks über die visuellen Eigenschaften des späteren Produkts, auch dessen Haptik.

Surfboardfinnen sind hinsichtlich ihrer geometrischen Gestalt und der in der Konstruktion verwandten Profilkonturen nicht standardisiert. Dies erschwert die Vergleichbarkeit physikalischer Messer-gebnisse und numerischer Simulationsmodelle oder macht eine Evaluation sogar unmöglich. Außerdem werden bei der Entwicklung von fluidmechanisch wirksamen Kraft- und Arbeitstragflächen für Strömungsmaschinen generell die Koordinaten der Konturen der Strömungsprofile Profilkatalogen entnommen. Beides, die Variantenvielfalt der geometrischen Gestalt und die Profilauswahl stellen im Zeitalter hoch entwickelter mathematischer Berechnungs- und Handhabungsmethoden sowie vergleichsweise leicht verfügbarer Datenbankbestände kein grundsätzliches Problem dar. Dennoch taucht in für Strömungsanwendungen typischen Entwicklungs- und Nutzungsszenarien, etwa in Forschungslabors (Prototypenbau) und im von kleinen und mittelständigen Unternehmen geprägten Yacht- und Bootsbau (Einzelanfertigungen, Unikate, Reparatur) häufig das Problem auf, dass die Geometriedaten von Strömungsbauteilen und der Konturen von Profilen für fluidmechanisch wirksame Kraft- und Arbeitstragflächen für Profillehren, Formen und anderer Fertigungsmittel in einer für die Bauteiloptimierung, der wissenschaftlichen Untersuchung und/oder die Fertigung nicht geeigneten Form vorliegen. Für die Beschreibung von Konturen nach dem Stand der Technik wird auf Datenbanken oder Profiltabellen zurückgegriffen (siehe hierzu auch: Abbot und Doenhoff[10], Eppler[11] und Gorrell[12]). Die Laborfinne LAB-Fin ist ein standardisierter Messkörper, als Technik- und Technologiedemonstrator geeignet, kann durch einfache geometrische Elemente beschrieben und in ihrer einfachsten Ausführung durch lediglich vier Parameter [P0] [P1] [P2] [P3] eindeutig definiert werden. Der Parameter P0 ist die Profiltiefe an der Flügelwurzel t [mm], der Parameter P1 ist die spezifische Profildicke d/t [%]. Der Parameter P2 ist die spezifische Profiltiefe am Tragflügelende (Flügel-Tip) b/t [%], der Parameter P3 ist die spezifische Tragflügellänge a/t [%] der Finne. Die Profilkontur und weitere Features der Finne, die das Strömungsteil spezifizieren können der Spezifikation nachgestellt werden, wie folgt:

LABFin[t,mm],[d/t,%],[a/t,%],[b/t,%],[Profil],[Feature 1],..,[Feature n]

In einer entsprechenden Parametrisierung mit einer Profiltiefe an der Flügelwurzel t=110 [mm], einer spezifischen Profildicke d/t=6 [%], einer spezifischen Profiltiefe am Tragflügel-ende (Flügel-Tip) b/t=70[%] und einer spezifische Tragflügellänge der Finne a/t=120[%], wird mit einer Standard-Profilkontur „ebene Platte" und einer in der Messtechnik für Strömungs-bauteile gewöhnlichen Oberflächenbeschaffenheit glatt, etwa nach Eppler [Eppl-90] die Finne spezifiziert:

LABFin [110] [7] [120] [70] [NACA0006] [glatt]

Die Glattheit der Tragflügeloberfläche und die Tragflügelprofilkontur sollen in einer Grundkonfiguration als gegeben und gesetzt gelten, so dass sich die Spezifikation vereinfacht zu: **LABFin [P0] [P1] [P2] [P3]**. LABFin ist einer

---

[10] [Abbo-59]   Ira H. Abbott, Albert E. von Doenhoff: Theory of Wing Sections: Including a Summary of Airfoil Data. Dover Publications, New York 1959
[11] [Eppl-90]   Richard Eppler: Airfoil Design and Data. Springer, Berlin, New York 1990
[12] [Gorr-17]   Edgar Gorrell, S. Martin: Aerofoils and Aerofoil Structural Combinations. In: NACA Technical Report. Nr. 18, 1917.

systematischen messtechnischen und/oder simulations-technischen Analyse und Vergleichbarkeit zugänglich. Das ist von wissenschaftlichem und wirtschaftlichen Interesse. Die Analyse der mechanische Beanspruchung von Bauteilen und Baugruppen erfolgt mit klassischen Methoden der technischen Mechanik, wie etwa der Elastischen Theorie oder mit zeitgemäßen finiten Verfahren (Finite Element Methode, FEM). Die Strömungswirklichkeit wird nach der Potentialtheorie grob ermittelt, oder mit Finite Volumen Verfahren realitätsnah analysiert (Compu-tational Fluid Dynamics, CFD). Die standardisierte Finne ist einer Analyse der Fluid- Struktur- Wechselwirkung (Fluid Structure Interaction, FSI) zugänglich. Die standardisierte Surfboardfinne kann direkt an handelsüblichen Surfboards verwendet werden und einer Evaluierung im „Feld" (in der Welle) oder messtechnischen Untersuchungen im Labor und am Strömungskanal dienen. Seitens der Fertigung sind gießtechnische Verfahren (GT) oder Rapid Prototyping (RP). Mit der Standardisierung wird erreicht, dass in der Baupraxis, in der Reparatur- und Instandhaltungspraxis Strömungsbauteile und/oder deren Fertigungsmittel wie Profillehren oder Formen durch einfache mathematische Beziehungen beschrieben werden können und in der Konstruktionspraxis geometrische Vorgaben möglich werden oder existieren, die auch vom (Surf-) Laien mit geringsten Mitteln umgesetzt werden können. Die Simplifizierung der Konstruktion führt auch auf Robustheit im Betrieb; dies ist von wirtschaftlichem Interesse. Der Markt für Surfboardfinnen ist überschaubar klein, aber die Szene ist vital. Mit der Surfboardfinne wird sich die zum Manövrieren benötigte Querkraft vergrößern und größer sein als jene von Finnen vom Stand der Technik. Innovationen, die die fluidischen Leistungsparameter der Strömungsbauteile und die Performance des Gesamtsystems verbessern werden erfolgreich am Markt sein.

Über den Aufbau, bauliche Ausführung und Wirkungsweise einer nach dem Standard LABFin ausgeführten Laborfinne. Fluidmechanisch wirksame Leit- und Steuertragflächen sind in der Regel profiliert ausgeführt. Das vom Surfboard abgewandte Finnentragflächenende (Tragflächenrandbogen) ist typenbedingt geformt und kann mit unterschiedlichen Konturen ausgebildet sein. Für Surfboardfinnen vom Stand der Technik sind unterschiedliche Profile und Profilkombinationen bekannt. Die Finne ist symmetrisch ausgeführt und zur gestaltkompatiblen Montage an standardisierte Einbauflansche für Surfboards diverser Hersteller geeignet.

Geometriebeschreibung	absolute Abmessung		Parameter
Profiltiefe an der Flügelwurzel	t	[mm]	P0
Profildicke	d	[mm]	
Profiltiefe am Tragflügel-Tip	b	[mm]	
Tragflügellänge	a	[mm]	

Geometriebeschreibung (relativ)	spezifische Abmessung		Parameter
Spezifische Profildicke	d/t	[%]	P1
Spezifische Profiltiefe (Flügel-Tip)	b/t	[%]	P2
Spezifische Tragflügellänge	a/t	[%]	P3

Profilkontur (exemplarisch)	NACA 0006	Standardprofil
alsoFeature (exemplarisch)	glatt	Oberfläche
alsoFeature (exemplarisch)	*FUTURES*	Hersteller- PLUG

Bauteile in den schematischen Abbildungen

BOA	Bootskörper, Surfboard
PLUG	Einbauflansch (finnenseitig)
BAS	Tragflügelbasis, Tragflügelwurzel
F	Tragflügelfläche
NOS	Nasenbereich des Tragflügels
TIP	Tragflügelrandbogen

Finnenterminal (exemplarisch, Hersteller: *FUTURES*)

PLUG- Länge	L= 115	[mm]
PLUG-Tiefe	T=18	[mm]
PLUG-Dicke	D = 7	[mm]

Das Tragflügelteil der Surfboardfinne besitzt eine strömungsmechanisch wirksame Profilkontur. Für die Montage von unter-schiedlichen Finnen an Surfboards sehen die marktführenden Hersteller stan-dardisierte Einbauflansche vor. Das bei dieser Konstruktion zur Anwendung kommende „Terminal", welches zu dem Einbauflansch (Plug) des Surfboards kompatibel ist, entspricht einem über Länge L, Tiefe T und Dicke D standardisierten

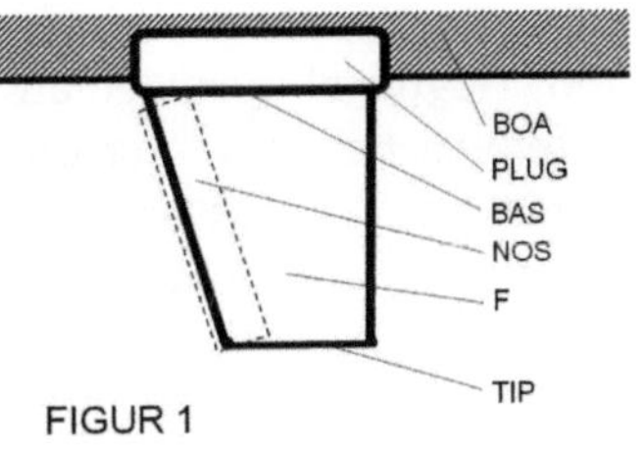

FIGUR 1

Rechteckprisma. LAB-Fin ist determiniert, wenn bekannt ist: Die Profiltiefe an der Flügelwurzel t [mm], die spezifische Profildicke d/t [%], die spezifische Profiltiefe am Tragflügelende (Flügel-Tip) b/t [%], die spezifische Tragflügellänge a/t [%] der Finne, die Profilkontur, und weitere Features der Finne, die das Strömungsteil spezifizieren., also:

LABFin [t, mm] [d/t, %] [a/t, %] [b/t, %] [Profilkontur] [alsoFeatures]

Die für Finnenwurzel-Bereich, kompatibel zu Terminal zur Anwendung kommende „Box" ist beliebig und nicht relevant für die Standardisierung. In den Abbildungen Figur 1 wird der Finnenwurzel-Bereich kompatibel zu Terminals eines weltweit agierenden Herstellers als Rechteckprisma dargestellt. Bauweisen und Bauausführungen der Anmontage einer Finnentragfläche an ein Surfboard sind nicht Gegenstand der Standardisierung. Die Surfboardfinne, bestehend aus dem proximalen (dem Grundkörper zugewandten) Finnenterminal PLUG, der proximalen Tragflügelbasis BAS, dem Tragflügelnasenbereich NOS, dem Finnenflügelteil F und dem distalen (dem Grundkörper abgewandten) Trragflügel-Randbogen TIP bilden zusammen eine konstruktive und funktionale

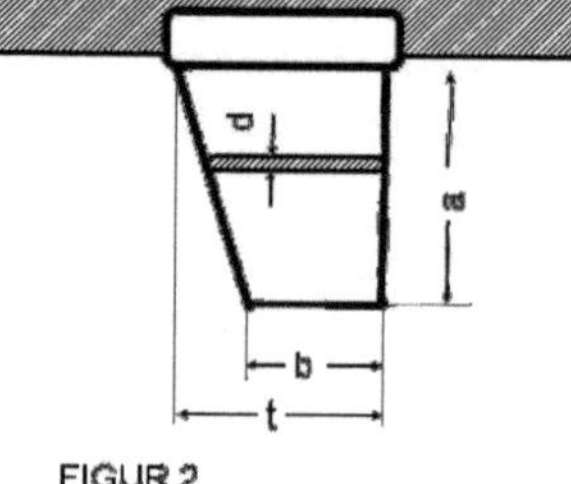

FIGUR 2

Einheit. Die baulichen Zusammenhänge sind unter Hinzuziehung der Liste der Merkmale aus den schematischen Skizzen in der Abbildung Figur 1 zu ersehen.

Die Surfboardfinne ist mit RP-Verfahren (Rapid Prototyping) Urformbauweise nach Stand der Technik aus Kunststoff fertigbar. Die Finnenwurzel PLUG ist ebenfalls in klassischer Urformbauweise aus Kunststoff fertigbar; u. A. Polyamid (PA), oder Nylon kommen in Frage. Die bauliche Ausführung des Finnentragflügels entspricht einer Integralkonstruktion.

Der Tragflügel, gebildet aus dem proximalen Finnenflügel-teil F ist Teil der Lateralfläche des Surfboard-Fahrzeugs. Die Teile des fluid-dynamisch wirksamen Tragflächensystems sind in einer Ebene längs der Strömungshauptrichtung unbeweglich angeordnet. In einem durch Querströmung beaufschlagten Zustand bildet das proximale Finnenflügelteil F einen fluidmechanisch wirksamen Tragflügel aus und arbeitet als eine reguläre Surfbrettfinne als fluiddynamische und querkrafterzeugende Auftriebsfläche.

Das Wesen der Tragflügel

Von einer besonderen Art sind die Verhältnisse beim Surfen. Eine Surferin manövriert, indem sie das gesamte Mensch-Board-System auf einen neuen Kurs bringt. Das ist ein reichlich komplexer Bewegungsab-lauf. Bei Surfboards ist also das gesamte Seefahrzeug an der Lenkbewegung beteiligt. Manövrieren in der Welle gelingt aus rein physikalischen Gründen (nur) dann, wenn das Board bezüglich der Hauptbewegungsrichtung in eine Drift gerät, die dem am Heck des Boards „arbeitende" Tragflügel überhaupt erst ermöglicht, Lenkkräfte zu generieren. Dies ist wahr-scheinlich der bemerkenswerteste Unterschied zu einem durch ein Steuerrad oder eine Pinne Schiffs-ruder. Die unbewegliche Finne eines Surfboards stellt in diesem Sinne einen starren Manövrierapparat dar. Surfbrettfinnen besitzen in der Regel symmetrische Tragflügelprofile. In Fahrt bilden derart symmetrisch profilierte Tragflächen nur dann ein Querkraft generierendes System, wenn die Anströmung nichtaxial erfolgt. Dabei ist die Variation des Lifts eines symmetrischen Profils über den Anstellwinkel selbst symmetrisch.

Die aus dem hydrodynamischen Auftriebsgebaren der Tragfläche resultierende Querkraft ist der maßgebliche physikalische Parameter beim Manövrieren. In der Drift funktioniert die Finne nun als Kraft- und als Arbeitstragfläche gleichermaßen. Es kommt zu einem Wechselwirkungsgeschehen, das durch Energieaustausch gekennzeichnet ist. Wie wird nun die zum Manövrieren erforderliche Energie übertragen? Krafttragflächen sind fluidmechanisch wirksame Tragflügel die dem bewegten umgebendem Fluid vornehmlich Energie entziehen; Arbeitstragflächen hingegen sind fluidmechanisch wirksame Tragflügel die vornehmlich Energie in ein umgebendes Fluid einkoppeln. Und eine Finne ist beides, kann beides tun. Das zum Lenken und Manövrieren erforderliche „Anfangsmoment" stammt aus den Körperbewegungen des Surfers, der Surferin. Sobald die Strömung an einer symmetrischen Finne einen gewissen Geschwindigkeitsanteil in Querrichtung enthält, arbeitet diese profilierte (Kraft-) Tragfläche sich in ihrer physikalischen Wirkung selbst verstärkend, also „auto-reaktiv". Diese wunderbare Eigenschaft kennzeichnet das „Wesen eines Tragflügels" und ist systeminhärent. Auto-Rektivität ist quasi das Handlungs- und Erfolgsrezept der (zentralen, profilsymmetrischen) Surfboardfinne. Von der Güte einer Leit- und Steuertragfläche hängt auch die Intensität und Bandbreite dieser wesentlichen Eigenschaft ab.

Nicht ausschließlich, aber in der überwiegenden Anzahl aller Produktentwicklungen, ist eine möglichst hohe Intensität tragender Teil der Entwicklungs- und Gestaltungsabsicht. Die diesem Aufsatz den Titel gebende

PERFORMANCE der Surfboardfinne, also das die Querkraftleistung der sowohl Kraft- als auch Arbeitstragfläche kennzeichnende Auftriebsgebaren einer Profilkontur, wird von einer Vielzahl von Konstruktions- und Betriebsparametern bestimmt.

<u>GEOMETRIE</u>

Tragflügelfläche (Aufprojetzion)	A_a	[m2]
Tragflügelfläche (Frontprojetzion)	A_p	[m2]
Tragflügelfläche (benetzt)	A_b	[m2]
Tragflügeltiefe, Profiltiefe	t	[m]
Tragflügelbreite, (~Spannweite w)	b	[m] $b = w/2$
Schlankheitsgrad	λ	[-] $\lambda = A_a/b^2$

<u>KRÄFTE</u>

Strömungskraft (vektoriell, Finne)	F_S	[N]
Drehmoment (Seefahrzeug)	M_{FZ}	[N m]
Auftrieb, Querkraft, Lift (radial, Finne)	L	[N] $L = c_a \cdot A_a \cdot v^2 \cdot \rho/2$
Formwiderstand (axial, Finne)	R_F	[N] $R_F = c_w \cdot A_p \cdot v^2 \cdot \rho/2$
Reibungswiderstand (axial, Finne)	R_R	[N] $R_R = c_r \cdot A_b \cdot v^2 \cdot \rho/2$
induzierter Widerstand (axial, Finne) R_I		[N] $R_I = c_I \cdot A_a \cdot v^2 \cdot \rho/2$

<u>KOEFFIZIENTEN</u>

Querkraftbeiwert (messen, rechnen)	c_L	[-]
Widerstandsbeiwert (glatt, laminar)	c_r	[-] $c_r = 1{,}327 \cdot (Re)^{-1/2}$
Widerstandsbeiwert (glatt, turbulent)	c_r	[-] $c_r = 0{,}074 \cdot (Re)^{-1/5}$
Beiwert des induzierten Widerstands[13]	c_I	[-] $c_I = c_L^2/\pi\lambda$

<u>ENERGIE und LEISTUNG</u>

translatorischer Verschiebeweg (Finne)	s	[m]
Rotations-Drehwinkel (Seefahrzeug)	γ	[°]
Geschwindigkeit (Finnenrelativ ~)	v	[m s^{-1}]
Winkelgeschwindigkeit (Seefahrzeug)	ω	[s^{-1}]
Arbeit, Energie	W	[N m] [J]
Leistung (strömungsmechanische ~)	P	[N m s^{-1}] [J s^{-1}] [W]
Die erforderliche Verschiebearbeit	W	[J] $W_T+W_R=\Sigma F_S \Delta s + \Sigma M_{FZ}\Delta\gamma$
Die aufzuwendende Verschiebeleistung	P	[W] $P_T+P_R=\Sigma F_S \Delta v + \Sigma M_{FZ} \Delta\omega$

---

[13] gemäß elliptischer Auftriebsverteilung nach Prandtl

Neben der Querkraftleistung einer Kraft- und Arbeitstragfläche interessieren die Verluste im Betrieb. Der strömungsmechanische Widerstand einer voll getauchten Leit- und Steuerflächen lässt sich als aus Partialwiderständen, den Reibungs- und Formwiderstandsanteilen zusammengesetzt vorstellen. Der fluidmechanische Gesamtwiderstand eines Volltauchers in Fahrt ist die Summe aller Partialwiderstände: $R = \Sigma\, R_{PARTIAL} = R_F + R_R + R_I$

Die Definitionen der einzelnen Partialwiderstände sind keineswegs eindeutig, eine weitere Ausdifferenzierung aber für die nachfolgende Betrachtung aber wenig vorteilhaft. Die drei physikalischen Basis-Größen Länge L, Zeit t, Masse m und einige abgeleitete Größen führen auf einige Grundaussagen über die Charaktere der Partialwiderstände.

Der Formwiderstand R_F (Druckwiderstand) entsteht aufgrund der Umströmung der Körperkontur (benetzte Oberfläche); bestimmbar durch Integration über die gesamte Körperoberfläche; unter Berücksichtigung der Kraftkomponente in Anströmrichtung in Abhängigkeit von der Geschwindigkeit v des Systems und dem verdrängenden Volumen V.

Der Oberflächenwiderstand R_R ist der fluidmechanische Widerstand aufgrund der Reibung an der benetzten Körperhülle (Wirkung der Wandschubspannung an einem Strömungskörper). R_R ist bestimmbar durch Integration über die gesamte Körperfläche unter Berücksichtigung der Kraftkomponente in Anströmrichtung. Abhängigkeit von der Geschwindigkeit v, der Viskosität des Mediums und der benetzten Oberfläche A des Systems). Der induzierte Widerstand R_I entsteht aufgrund fluiddynamischer Auftriebs- und Querkräfte (Wirkung der durch dynamischen Auftrieb oder Querkraft generierten Randwirbel.

Abhängig von der Geschwindigkeit $1/v^2$ und der Tiefe L^2 der fluidmechanisch wirksamen Bauteile nehmen etliche Einflussfaktoren auf den Auftrieb die spezifischen, weil skaleninvarianten Gestaltungsparameter, eine besondere Stellung ein. In erster Linie sei hier die Tragflügelstreckung λ und die Auftriebs- und Widerstandskoeffizienten der Kontur des umströmten Tragflügelprofils genannt. Bei unserer am Heck des Seefahrzeugs zentral angebrachten Finne, die wie ein fluidmechanisch wirksamer Flügel im Medium Wasser arbeitet interessiert nun die Kraft, die durch Strömung erzeugt wird und damit die Geschwindigkeitsverhältnisse an diesem umströmten Tragflügel.

Tatsächliche aber auch scheinbare Geschwindigkeiten lassen sich „relativ gut vorstellen". Der fluidmechanische Widerstand R und der Lift L (die Querkraft in erster Ordnung) sind mit der herrschenden Strömungsgeschwindigkeit quadratisch verknüpft. Der Auftrieb an einem Tragflügel ist: $L[N]=c_L{\cdot}A{\cdot}v^2{\cdot}\rho/2$. Sobald bei bekannter Profilkontur die Geometrie der Finne, Informationen über Zustandsgrößen der Strömungswirklichkeit, das Medium und die Reynoldszahl existieren, erhalte ich mit der Strömungsgeschwindigkeit des Fluids und mit Kenntnis des Anströmwinkels am Tragflügelprofil eine Aussage über den Auftriebsbeiwert c_L aus Berechnungen oder Tabellenwerken [Abbo-59]). In einem nächsten Schritt lassen sich die generierbaren Kräfte Lift L (Querkraft, Auftrieb) orthonormal zur Strömungsrichtung und der (entlang der Strömungsrichtung axiale) Strömungswiderstand R berechnen.

Legt der Konstrukteur den Schwerpunkt seiner Entwicklungs- und Optimierungsarbeit in die Erhöhung der Querkraftleistung der Tragflügelfläche, hat er im ersten Hub der Kampagne einige grundsätzliche Optionen. Bei gleichem Strömungsprofil liefert eine (proportional skaliert) größere Tragfläche mehr Querkraft. Ist die Skalierung nichtisotrop, wird etwa die Umrissgestalt und/oder der Schlankheitsgrad der Tragfläche variiert, ändert sich das Bild, wie weiter oben erläutert. Bei konstanter, gleichbleibender Tragflügelgestalt, kann der Konstrukteur Einfluss nehmen auf die Oberflächenbeschaffenheit. Für schlanke Strömungskörper wie Tragflügel, ist der Anteil der Reibung erheblich. Reibung wird in erster Linie durch den Charakter der wandnahen Strömung bestimmt; diese kann laminar oder turbulent sein. Kein anderer Parameter aber ändert die autoreaktiv genannte Fähigkeit einer Tragfläche, eine nicht axiale Anströmung in Querkrafterhöhung umzusetzen. Einer symmetrischen Surfboardfinne vom Stand der Technik gelingt das gut, einer Finne mit nichtsymmetrischem Tragflügelprofil gelingt das besser und immer dann, wenn sie von der „richtigen" Seite angeströmt wird. Es leuchtet unmittelbar ein, dass eine symmetrische Leit- und Steuertragfläche bestens geeignet ist, eine beidseitig Beaufschlagung auch in beide Richtungen gleicherweise zu beantworten.

Manövrierleistung

In diesem Aufsatz tauchen die Begriffe „Leit- und Steuertragflächen kleiner Seefahrzeuge" auf und außerdem die etwas differenziertere Beschreibung einer Finne als „Kraft- und Arbeitstragflügel". Leit- und Steuertragflächen stabilisiern das Seefahrzeug und dienen dem Manövrieren. Krafttragflügel entnehmen Energie aus der Strömung; Abeitstragflächen speisen Energie ein. In einem physikalischen Wechselwirkungsgeschehen tritt die Finne als Vermittler von Energieströmen auf. Die Art der Energiekopplung und ihre Effektivität haben großen Einfluss auf das Leistungsvermögen der Finne. Wenn an einem existierenden, physikalisch gut funktionierenden System, Gestaltungsänderungen vorgenommen werden, dann sollte man dies nur tun, wenn tatsächlich Leistungszugewinne zu erwarten sind. An bestimmten Meilenstein-Punkten der Gestaltungskampagne muss also eine Bilanz der Systemleistung durchgeführt werden: eine nüchterne Gewinn- und Verlustrechnung. In der industriellen Produktentwicklung ist die Ermittlung der zu erwartenden Systemleistung <u>ein</u> Arbeitsergebnis der „Frühen Phase". Auf elegante Weise erfahren wir, ob der gestalterische Aufwand trägt oder nicht. Näheres klärt die im Einzelfall angewandte Produktentwicklungsmethode.

Systemleistung[14] = LIFT-Leistung - VERLUST- Leistung

Relevant für den Betrieb ist, wieviel Energie das Lenkmanöver verzehrt. Die Verschiebearbeit W am fluidischen (Oberflächen-) Transportsystem enthält einen translatorischen Anteil ($\Sigma\, F_S\, \Delta s$) und einen rotatorischen Anteil ($\Sigma\, M_{FZ}\, \Delta\gamma$). Die zum Manövrieren aufzuwendende Verschiebeleistung enthält, analog zur Verschiebearbeit, ebenfalls einen translatorischen und einen rotatorischen Anteil, also: $P = P_T+P_R = \Sigma\, F_S\, \Delta v + \Sigma\, M_{FZ}\, \Delta$. An dieser Stelle soll die Rotation um die Z-Achse (Gieren, YAW) nicht berücksichtigt werden. Somit vereinfacht sich die erforderliche Verschiebeleistung auf den translatorischen Anteil $P_T= \Sigma\, F_S\, \Delta v$. In einer ebenen zweidimensionalen (Lagrange-) Betrachtungsweise besitzt die Manövrierleistung eine axiale Komponente, die Verlustleistung P_{TW}, die von den axilalen Strömungswiderständen herrührt und eine produktive, zur Widerstandskraft orthonormalen, Komponente P_{TL}, die aus dem Auftriebsge-baren Leit- und Steuertragfläche stammt.

Liftleistung (radial)	$P_{TL} = \quad L \cdot v = c_L \cdot A_a \cdot v^3 \cdot \rho/2$	[W]
Verlustleistung (axial)	$P_{TW} = \Sigma\, R \cdot v = R_F \cdot v + R_R \cdot v + R_I \cdot v$	[W]
mit:		
Anströmgeschwindigkeit	v	[ms^{-1}]
Formwiderstand	$R_F = \quad c_w \cdot A_p \cdot v^2 \cdot \rho/2$	[N]
Reibungswiderstand	$R_R = \quad c_r \cdot A_b \cdot v^2 \cdot \rho/2$	[N]
induzierter Widerstand	$R_I = \quad c_I \cdot A_a \cdot v^2 \cdot \rho/2$	[N]

---

[14] Systemleistung = LIFT-Leistung - (FORM + REIBUNGs + INDUZIERT)-WiderstandsVERLUST-Leistung:
$P_{FINNE} = P_L - (P_{RF} + P_{RO} + P_{RI})$

Die entscheidende Größe in der Manövrierleistung ist die Anströmgeschwindigkeit v, die in der dritten Potenz das fluidische Lenkgeschehen, das aus Kräften stammt, dominiert. Der lineare Term ($c_L \cdot A_a \cdot \rho/2$) der Manövrierleistung enthält den Liftbeiwert c_L (Auftriebskoeffizient) und die Tragflügelfläche A_a. Der Auftriebskoeffizient c_L hängt von der **Profilauswahl** und von dem Anstellwinkel ab, mit dem der Tragflügel „gefahren" wird.

Profile der Surfboardfinnen.
Grundsätzlich ist eine Strömung über festen Wänden zunächst laminar, wird dann mehr oder weniger rasch instabil und schlägt in turbulente Strömung um: Transition. Mit dem Übergang von laminarer zu turbulenter Strömung nimmt die Wandreibung erheblich zu. Es sind aber nicht alleine existierende Oberflächenstrukturen oder die Rauheit der Tragfläche, die das Umschlagsverhalten der wandnahen Strömung beeinflussen. Auch die Kontur des Tragflächenprofils, insbesondere seine Krümmung und die Änderung der Krümmung über den Strömungspfad haben Einfluss auf den Transitionsort. Die „festen Wände" der Kraft- und Arbeitstragflächen stehen in der Regel für eine mechanisch starre Form, ein deklaratorisch definiertes Profil und eine nichtflexible Kontur. Die Profile von Kraft- und Arbeitstragflächen sind in der Regel entweder definiert symmetrisch oder definiert asymmetrisch. Surfboardfinnen – im Sinn von „Leit- und Steuertragflächen kleiner Seefahrzeuge" sind beidseitig wirksame Kraft- und Arbeitstragflächen und üblicherweise aus symmetrisch profiliertem Vollmaterial. Das Tragverhalten einer Surfboardfinne im Betrieb wird durch das Auftriebs- und Widerstandsgebaren charakterisieret in einem Zustandsbereich, der sich von der auftriebslosen zentrierten Anströmung bis hin zu einer degenerierten Umströmung der Finne erstreckt. Kommt es bei einer Tragflächenumströmung zu einem Ablösen der konturnahen Strömungsschicht, spricht man von Strömungsabriss (engl.: stall). Es kann sich um die Ablösung einer laminaren oder einer turbulenten Strömung handeln. Mit dem Strömungsabriss verändert sich auch (schlagartig) das Auftriebsgebaren der Profilkontur. Den entscheidenden (nicht einzigen) Einfluss auf das Stallverhalten symmetrisch profilierter Kraft- und Arbeitstragflächen nimmt der Anstellwinkel des Profils in der Strömung. Bei den hier betrachteten Surfboardfinnen sind die Relativgeschwindigkeit klein gegenüber der Schallgeschwindigkeit und wir gehen davon aus, dass Surfboardfinnen Tragflügel sind, die im Medium Wasser arbeiten, so dass Inkompressibilität des Fluids angenommen wird. Es gilt für inkompressible, stationäre viskositätsfreie Strömung konstanter Dichte und Rotorfreiheit (in einem Gebiet das keine Wirbel enthält), dass die

Summe aus dem Quadrat der Geschwindigkeit und dem Quotient aus Druck und Dichte konstant ist.

Das Erklärungsmodell Euler. Tatsächlich resultiert die Auftriebskraft einer Surfboardfinne aus der Superposition einer Translations- und einer Zirkulationsströmung. Betrachtet man einen Profilschnitt einer unter kleinem Anstellwinkel angeströmten ortsfesten Leitfläche (Eulerszenario), so erscheint die Zirkulation an der Leeseite in Anströmrichtung, auf der Luvseite entgegen der Anströmrichtung (Lee: der Strömung abgewandt; Luv: die der Strömung zugewandte Seite eines Strömungskörpers). Die Superposition führt zu einer verlangsamenden Strömung auf der Luvseite und zu einer Beschleunigung in Lee. Kontinuitätsbeziehung und bernoullische Argumentation wiederum führen zu einem relativen Überdruckgebiet an der Luv- und einem relativen Unterdruckgebiet an der Leeseite und zum erwarteten Auftriebsgebaren der Leitfläche. Die Entstehung der Zirkulationsströmung ihrerseits kann erklärt werden derart, dass die Viskosität des Fluids in der Grenzschicht zu einer vertikale Scherung der Horizontalströmung führt. Bei kleinen Krümmungen hat die Strömung die Tendenz, in Strömungsrichtung der Kontur eines Profils zu folgen. Direkt an der Konturlinie ist die Geschwindigkeit Null. Mit zunehmendem Abstand von der Profilkontur (in der Grenzschicht) wird die Geschwindigkeit größer, bis sie die Fluidgeschwindigkeit der Außenströmung erreicht. Durch diese Scherung hat das Fluid in der Grenzschicht eine Wirbelstärke. Die Viskosität des Fluids bewirkt Kräfte, durch die die Geschwindigkeiten benachbarter Stromlinien angeglichen, sowie die Wirbelstärke homogenisiert werden. Verlässt nun ein Teilchen mit seiner Wirbelstärke wegen der gebogenen Kontur die Grenzschicht tangential, wird die Viskosität die Scherung des Geschwindigkeitsfeldes homogenisieren und die Wirbelstärke bleibt auf einem mittleren Wert. Mangels Scherung erzwingt sie eine gekrümmte Trajektorie in Richtung zurück zur Konturlinie. Als Gegenkraft hierzu verringert sich der Druck an der Kontur. Dieser niedrige Druck beschleunigt auch Fluid oberhalb der Grenzschicht nach unten. Der Druck ist niedriger als der Druck entlang der Profillinie stromaufwärts. Deshalb wird die Strömung auch tangential über die Profilkontur nach hinten beschleunigt. Betrachten wir hierzu einen gut untersuchten Anströmzustand unter einem mäßigen Anströmwinkel:
Anstellwinkel und Geometrie (Kontur) des fluidmechanisch wirksamen Finnenprofils erzwingen eine Richtungsänderung der Stromlinien des anströmenden Fluids. Bewegte sich nun das betrachtete Fluidvolumen infolge der Massenträgheit auf einer geraden Linie fort, würde sich die Entfernung zur

(Stör-) Kontur des Finnenprofils sofort vergrößern und somit ein Gebiet niedriger Dichte entstehen, was wir in unseren Betrachtungen über ein inkompressibles Fluid aber gerade ausschließen möchten. Also erzwingt die Bedingung konstanter Fluiddichte einen Druckgradienten entlang der betrachteten Stromlinie um das Hindernis herum. Nahe der Profilkontur kommt es zur Ausbildung der Grenzschicht. Durch die Scherkräfte in der Grenzschicht folgt das Fluid der Kontur des Profils. Mit zunehmender Entfernung vom Profil nimmt die Ablenkung der (ferneren laminaren) Strömung ab. Generiert die Krümmung der Stromlinien einen Druckgradienten, so führt die Kontinuitätsbeziehung und bernoullische Argumentation wieder zu einem relativen Überdruckgebiet an der Luv- und einem relativen Unterdruckgebiet an der Leeseite und zum Auftriebsgebaren der Finnentragfläche.

Impulsänderung. Die Finne, der räumliche dreidimensionale Tragflügel, muss durch eine unsymmetrische Umströmung die zur Entstehung der Querkraft notwendige Zirkulation selbst erzeugen. Analog zur Kreisumströmung entsteht bei Tragflügelprofilen die dynamische Querkraft (Auftrieb, Lift) nur dann, wenn eine gleich große vertikale Impulsänderung erfolgt. Diese Impulsänderung wird erreicht, indem die Finnentragfläche, bzw. ihr Tragflächenprofil das Fluid (radial) ablenkt. Das Tragflügelprofil muss also so gestaltet und im Betrieb entsprechend "angestellt" sein, dass es aus der Anströmsituation eine für die Querkrafterzeugung notwendige Zirkulation erzeugen kann. In einer potentialtheoretischen Analyse (siehe unten) werden zunächst zwei "Staupunkte" identifiziert: einen bugwärtigen und hechwärtigen Staupunkt. Eine scharfe Profilhinterkante bewirkt, dass das Tragflügelprofil von unten herkommend nach oben bis zum hinteren, auf der Profiloberseite liegenden Staupunkt umströmt werden muss. Diese Umströmung einer scharfen Hinterkante führt (theoretisch) zu einer plötzlichen Änderung der Geschwindigkeitsrichtung; eine sehr große Beschleunigung der Strömung. Die anfängliche hintere Umströmung ist nicht stabil und kann daher nicht lange bestehen. Dies hat zur Folge, dass die Strömung an der Hinterkante sehr rasch ablöst. Gleichzeitig bildet sich ein Wirbel durch das Aufrollen einer sich ablösenden Grenzschicht. Dieser sogenannte „Anfahrwirbel" schwimmt mit der Strömung nach hinten ab. Theoretisch ist die Gesamtzirkulation (jetzt) im Gleichgewicht (Satz von Thompson), die Summe aller Zirkulationen ist Null. Dies hat zur Folge, dass sich um das Tragflügelprofil herum ein zweiter, entgegengesetzt drehender Wirbel bildet. Dieser nunmehr gebundene Wirbel stellt die notwendige Zirkulation um den Tragflügel her: Er entsteht somit aus der vom

Profil der Finne verursachten unsymmetrischen Umströmung, bei der das Fluid auf der Unterseite verzögert und auf der Oberseite des Profils beschleunigt wird. Dieses plakative Bild, bei dem die Strömung auf der Unterseite verzögert und auf der Oberseite des Profils beschleunigt wird, ist das mühsam errungene Arbeitsergebnis eines langen Argumentationspfades und wird in seiner Kurzform gerne in der Lehre eingesetzt. Nur falls mal jemand danach fragt.

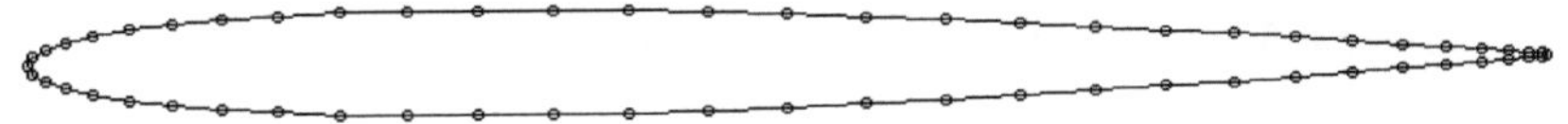

Druckverteilung. Das gegenüber dem herrschenden Normaldruck relative Unterdruckgebiet auf der Profilkonturoberseite und das gegenüber dem herrschenden Normaldruck relative Überdruckgebiet auf der Profilkontur-unterseite repräsentieren das Auftriebs- bzw. Querkraftgebaren (Lift) des Tragflügelprofils der Surfboardfinne. Dabei trägt relative Unterdruckgebiet auf der Profilkonturoberseite wesentlich zur Gesamtquerkraft bei. Der Druckgradient korreliert nach der Energiegleichung (Bernoulli) mit der Geschwindigkeit und deren Änderung an der Profilkontur. Die Strömung hat grundsätzlich die Tendenz, der Profilkontur zu folgen. Den größten Einfluss auf die Eigenschaften des Profils einer Leit- und Steuertragfläche respektive Surfboardfinne haben die Profilwölbung und die Wölbungsrücklage der Kontur, die maximale Profildicke und ihr Gradient, die Änderung der Profildicke entlang der Profilsehne, desweiteren der Nasenradius und die Gestalt der Profilhinter-kante, das Lead-Out. Der maximale Auftrieb wird also von der Wölbung, dem Nasenradius und

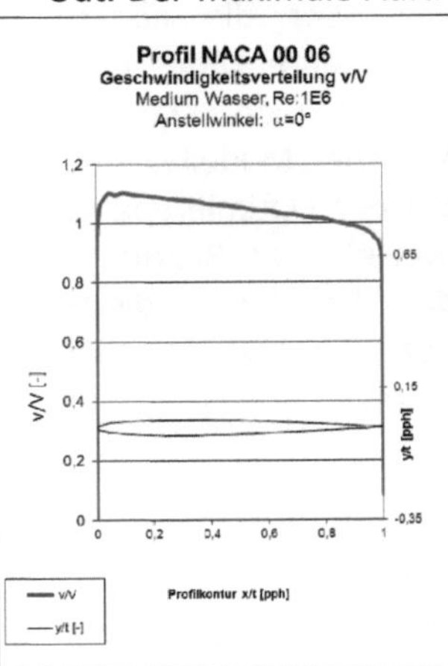

der Dicke der Kontur bestimmt. Weshalb dies so ist, kann man an der Kurve des Geschwindigkeitsgradienten über die Profilkontur aufgetragen, ablesen. Die Berechnung wurde für das für Surf-Finnen relevante Profil NACA0006 durchgeführt.

Das Diagramm zeigt die Geschwindigkeitsverteilung an der Profiloberseite. Bei einem symmetrischen Profil und einem Anströmwinkel von a=0° ist natürlich der Gradient symmetrisch. Wir sehen in dieser Graphik einen plötzlichen Anstieg der konturnahen Geschwindigkeit an der Profilspitze und einen gleichmäßigen Zuwachs der (auf die Umgebungsgeschwindigkeit V= v_∞ bezogenen)

Geschwindigkeit v/V; zum Profilende hin verschwindet der Gradient. Das Profil NACA 0006 besitzt seine maximale Dickenrücklage bei 30% der Profiltiefe. Etwa an diesem Ort ist die konturnahe Geschwindigkeit $v = v(x)$ gleich der Geschwindigkeit $v\infty$.

Dieser Punkt ist markant. Wir erinnern uns, dass für inkompressible Strömungen ($\rho_{=}\rho_\infty$) zwischen der konturnahen Geschwindigkeit $v(x)$ und dem (über x variablen) Druckkoeffizienten $c_p=c_p(x)=p(x)/p_0$ eine Beziehung (Bernoulli) zur Systemgeschwindigkeit $V=v_\infty$ herrscht:

$$\text{Druckgradient } c_p(x) = p(x)/p_0 = c_p(x) = 1-(v(x)/v_\infty)^2$$

An dem Ort, an dem $v(x) = \mathbf{v_\infty}$ herrscht, besitzt auch der Druckgradient $c_p(x)$ einen Nulldurchgang. Dies wird bei der Betrachtung der (konturnahen) Grenzschicht eine Rolle spielen.

Verlauf und Intensität der Druckverteilung sind maßgeblich für die Leistungsfähigkeit der Profilkontur. Bei der Profilanalyse führt also der erste Weg zum Geschwindigkeitsgradienten. Druck- und Geschwindigkeitsgradient funktionieren wie eine sehr feine „Linse" mit der die Krümmung der Kontur, also die Profilwölbung an jeder Stelle, die Wölbungsrücklage, der Ort der maximalen Profildicke und (natürlich) die Änderung der Profildicke entlang der Profilsehne ultragenau untersucht werden kann.

Der mit diesem Instrument untersuchte Verlauf der Kurve und die Glattheit[15] höherer Ordnung der Kurve $(v(x)/v_\infty)^2$ kann Gegenstand einer klassischen „Kurvendiskussion" werden immer dann, wenn sich der Konstrukteur für den rekursiven Weg entscheidet und die Formfindung über die höheren Ableitungen (die Krümmung der Krümmung) der Gradientenkurve (v/v_∞) triggert. Eingebettet in eine Optimierungsumgebung spricht man derzeit viel von Konstruktionsautomatismen auf der Basis physikalischer Modelle. In der Gestaltungspraxis - und hier in besonderer Weise bei der Optimierung von Seefahrzeugen - hat sich für diese Herangehensweise[16] der Begriff des „parametrischen Designs" etabliert; eine Methode, die den tradierten Konstruktionsprozess quasi auf den Kopf stellt und der die Zukunft gehört, wenn es um „resiliente" Gestaltung gehen wird (... Create Robust Variable

---

[15] Die Kurve $(v(x)/V)^2$ (quadratische Form) wird im Diagramm nicht dargestellt.

[16] https://www.caeses.com/ CAESES® (formerly known as FRIENDSHIP-Framework) could be the perfect solution for Ship Design. CAESES® stands for "CAE system empowering simulation" and enables engineers to design optimal products.

Geometry, RVG). Dazu später mehr, wenn von „Reverse Design" als eine Methode des Downsizing die Rede sein wird.

Fluidmechanische Berechnungen nach der Potentialtheorie stehen gerade dieser Tage wieder in der Kritik der Strömungsexperten. Aber, so kann zusammenfassend gesagt werden, gerade weil diese Berechnungsmethoden auf Geschwindigkeitsverteilungen AUF der Profilkontur führen (was natürlich ohne Realitätsbezug ist) stellt die Kurve $(v(x)/v_\infty)^2$ ein perfektes artifizielles Untersuchungsinstrument für zukünftige (wenn auch vielleicht ein wenig „schmutzige") Konstruktionsmethoden dar.

Betrachten wir nun den Verlauf der Auftriebs- und Widerstandsbeiwerte typischer und möglicher Profile für Surfboardfinnen zu. Die wenigen Proben „realer" Finnen, die uns physisch vorliegen, tragen Profile, die wir nicht kennen. In der Szene wird in der Regel auf NACA-Profile verwiesen und tatsächlich weist das von einer Finne der Firma FUTURES abgeformte Profil eine (hinreichend überzeugende) Ähnlichkeit mit dem Profil NACA0006 auf. Ich erkläre dieses Profil nun hier zum Stand der Technik, wohl wissend dass es an der Kontur gewisse Abweichungen, ja Ungereimtheiten existieren, die gegebenenfalls vom Hersteller sogar erwünscht sind. Vielleicht sind es Alleinstellungsmerkmale, vielleicht ist das zur Anwendung kommende Tragflügelprofil einfach eine den Fertigungs- und/oder Festigkeitsbelangen geschuldete Profilkontur. Wir wissen es nicht. Das Profil NACA0006 ist natürlich schon alleine dadurch ungemein sympathisch, weil wir ausser über gesicherte Messdaten auch über einen ausreichend fein diskretisierten Datensatz seiner Kontur verfügen[17]. Ein Gegenstand der weiteren Überlegungen und Untersuchungen werden sogenannte „händische" Profilkonturen sein.

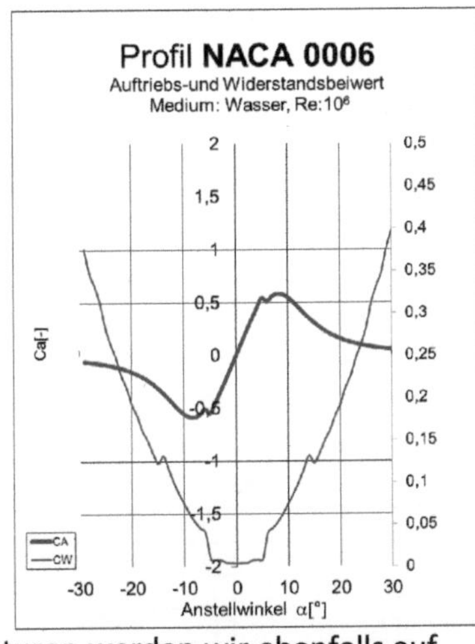

Für diese nichtsymmetrischen, gekrümmten Konturen werden wir ebenfalls auf den NACA-Standard zurückgreifen, weswegen uns ihre „undeformierten Varianten" an dieser Stelle mehr interessieren, als urheberrechtliche Fragen[18].

---

[17] Ira H. Abbott, Albert E. von Doenhoff: Theory of Wing Sections: Including a Summary of Airfoil Data. Dover Publications, New York 1959.

[18] Firmenspezifische (und uns unbekannte) Modifikationen standardisierter NACA-Profilkonturen.

Das Profil NACA 0006 scheint nach einem ersten Blick auf die Liftbeiwerte der Kontur nicht besonders leistungsfähig zu sein. Aber dennoch: Der Formwiderstand besitzt im Bereich kleiner Anströmwinkel {-5 < α < 5} eine deutlich ausgeprägte Delle, die bei Geradeausfahrt des Boards einen geringen Widetrstand verspricht. Dies können wir auf der positiven Seite verbuchen. Negativ ist der geringe Auftriebskoeffizient, dessen Maximum unterhalb der α=10° Marke aufzufinden ist. Weshalb man sich überhaupt für ein derartiges Profil entscheidet, ist in den Standardisierungs- und Fertigungsbelangen der Hersteller zu suchen. Bei einer Profiltiefe von maximal 115 [mm] der Standardfinne (Hersteller *FUTURES*) liefert ein NACA-Profil mit d/t=6% Konturdicke an der Flügelwurzel eine Bauteildicke von 6.9 [mm]. Das Terminal der zentralen, symmetrischen *FUTURES*-Finne bietet Raum für Plugs von maximal 7[mm] Dicke. So einfach ist das (wahrscheinlich).

Sobald dieses Profil aber eine - auch nur geringe - Konturwölbung annimmt, werden durchaus beachtliche Liftbeiwerte von c_L > 1.5 [-] erreicht. Würde sich durch irgendeinen – nennen wir ihn mal „bionischen Adaptions-Trick" – bei Leistungsähnlichkeit die Finne geometrisch herabskalieren lassen, wären vielleicht auch spezifische Konturdicken von d/t > 6 % realisierbar. Das geht auf theoretische Überlegungen hinaus, insbesondere den potentialtheoretischen Berechnungen, dargestellt im Diagramm der Krümmungsvariationen an NACA-Profilen der 4er-Reihe. auf dieser Seite. Auf genau derartige Phänomene der fluidmechanischen Verformungsadaption und einem Downsizing auf deren Grundlage, zielt unsere Argumentation in diesem Aufsatz.

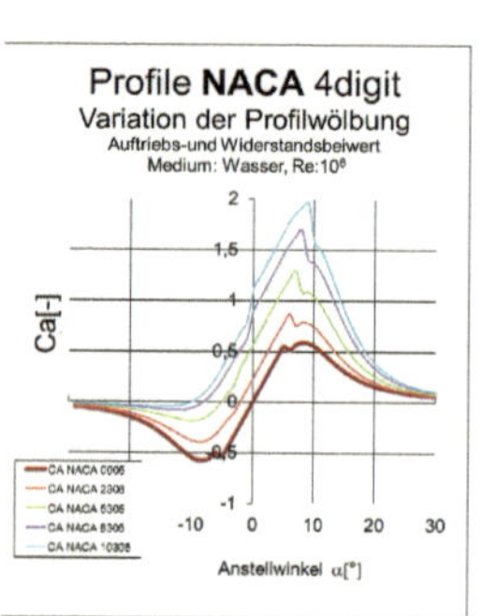

NACA-Profile unverformt und deformiert							
	f/t [%]	xf/t [%]	d/t [%]	a_{STALL} [°]	C_A [-]	C_W [-]	
NACA 0006	0	0	6	8	0,583	0,0533	neutral
NACA 2306	2	30	6	6	0,859	0,0107	verformt 2%
NACA 5306	5	30	6	7	1,285	0,0147	verformt 5%
NACA 8306	8	30	6	8	1,684	0,0199	verformt 8%
NACA 10306	10	30	6	9	1,950	0,0258	verformt 10%
DOWNSIZE & d_{opt}							
NACA 0009	0	0	9	9	0,914	0,0134	neutral
NACA 8309	8	30	9	11	1,895	0,0296	verformt 8%
NACA 10309	10	30	9	11	2,133	0,0341	verformt 10%

Die systematische fluidmechanische Analyse krümmungsverformter NACA-Profilkonturen ist im Anhang niedergelegt.

Über die Vorgehensweise beim Downsizing von Surfboardfinnen.

Ich stelle mir vor, rein theoretisch, es existierten ausreichende und gesicherte Informationen über den Stand der Technik des avisierten Artefakts und über die Technologien seiner Anfertigung. Designern und Ingenieuren liegt dieses Wissen ja oftmals in unterschiedlicher Form, als Bücher, Forschungsberichte, eigener oder angeeigneter Erfahrung und natürlich in Datenbanken vor. In einem glücklichen Fall, schauen wir den Artefakten, liegt er in der Schublade. Das Hegen, das systematische Aufbereiten und das Verarbeiten derartig wohlstrukturierter Informationen ist ein gut eingeübtes, tradiertes Tun. Nachdem ich mich affirmativ, um den elenden Begriff des Theoretischen zu vermeiden, mit der Gestaltungsaufgabe so einigermaßen vertraut gemacht habe, wächst die Befürchtung, dass mir das Wissen über die fluidmechanisch wirksamen Komponenten einer Surfboardfinne vom Stand der Technik – es sind ja nicht so viele – über die potentiellen Materialien, die auch für maritime Zukunftstechnik taugen mögen und die traditionellen, rezenten und auch die zukünftigen Fertigungstechnologien, all diese Informationen in einer für Ingenieure und Designer verwertbaren Form vorliegen, aber dennoch nicht taugen, den Weg zu einer „Surfboardfinne der Zukunft" für Andere eindeutig und auch für mich theoretisch zweifelsarm zu formulieren. Entsprechend groß ist das Unbehagen, die Hemmung, diesem von mir ungelebten und unbelebarem Faktenwissen ein ebenso synthetisches, wie totes Methodenwissen anbeizustellen. Ich schreibe an dieser Stelle des nun doch schon wieder narrationsüberladenen Aufsatzes nur deshalb weiter und fahre fort diese Geschichte zu erzählen, weil ich in den vergangenen Tagen das Scheitern der selbst aufgestellten Theorie des Theoretikers beobachten und die Überlegenheit des praxiologischen Ansatzes und des gesunden Menschenverstandes erleben durfte und so begründet hoffnungsfroh einem guten Ende entgegensehe.

Zum Stand der Technik wurde einiges bereits angeführt und sei hier nur kurz zusammengefasst. Surfboardfinnen sind als Leit- und Steuertragflächen im Bereich des Hecks eines Surfboards wirksam. In Fahrt und beim Manövrieren ist neben der hohen mechanischen Belastung der strömungsmechanisch wirksamen Bauteile im Bereich des Unterwasserschiffes die optimale und an Strömungswiderständen arme Funktionsweise entscheidend für die Fahrleistung. Grundsätzlich sind bei Surfboards, wie bei allen leistungs-optimierten Seefahrzeugen vom Stand der Technik und all ihren Bauteilen

Robustheit, Formhaltigkeit, Funktion und Lebensdauer bei geringem Gewicht von Bedeutung. Zum Lateralplan eines Seefahrzeugs zählen alle fluidmechanisch wirksamen Leitflächen im Unterwasserbereich. Bei Surfboards vom Stand der Technik bilden die als Leitflächen ausgeführten Finnen am Heck die maßgebliche Fläche des Lateralplans. Surfboardfinnen und andere Leitflächen mit symmetrischem Profil nach Stand der Technik bilden dann einen fluiddynamisch wirksamen Tragflügel aus, wenn eine nicht axiale Anströmung gegeben ist. Die aus dem hydrodynamischen Auftriebsgebaren der Surfbrettfinnen resultierende Querkraft wird beim Manövrieren genutzt, jene aus den Strömungswiderständen des Tragflügels resultierende axiale Kraft achternaus stabilisiert das Board in Fahrt. Im Betrieb besitzt die Resultierende dieser Kräfte die gleiche Richtung und den gleichen Richtungssinn wie eine gedachte (theoretische) Manövrierleistung am Heck des Boards; und damit (exzentrisch) verschieden von einem dynamischen Zenterpunkt des Gesamtsystems. Surfbrettfinnen nach Stand der Technik sind üblicherweise aus (symmetrisch profiliertem) Vollmaterial. Für das Flügelende der Leit- und Steuertragfläche, insbesondere den Randbogen (die Kontur des vom Surfbrettkörper abweisenden, freien Surfbrettfinnenflächenendes) sind unterschiedliche Formen bekannt.

Die Innovation, jene Ursache eines Optimierungsmotivs für unsere Surfboardfinne, möchte ich bewusst an dieser Stelle nicht betrachten und benennen, denn die nun zur Sprache kommenden Methodenaspekte sollen unabhängig von einem das Produkt verbessernden Phänomen anwendbar sein, weshalb mit die Vorstellung eines fluidmechanischen Dämons, der für eine

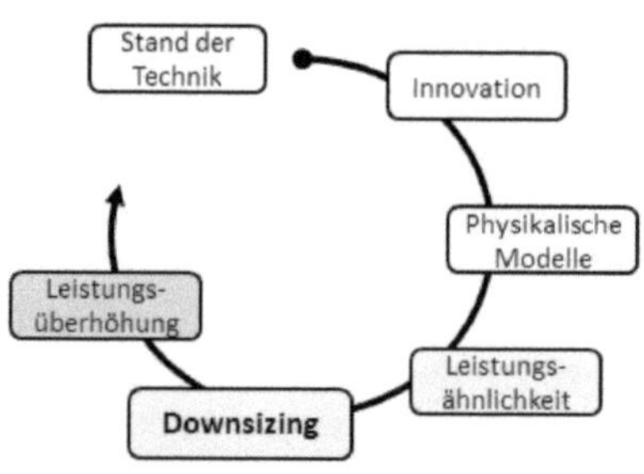

vorteilhafte Strömungswirklichkeit infolge eines innovativen Fluid-Struktur-Wechselwirkungsgeschehens verantwortlich sein möge, äußerst sympathisch erscheint. Dabei soll es zunächst bleiben.

Eine Downsizing-Methode sollte alle Fragestellungen, mit denen die Informationen erarbeitet werden, die für das Konzept, den Entwurf und die Nutzung eines Produkts notwendig sind betreffen. Sie können sich analog zu Strategien, Methoden und Verfahren für die Entwicklung industrielle Produkte nach Branchen, Art und Typ der Produkte, sollten aber gemeinsame

Grundstrukturen aufweisen. Ein übergeordneter Strategieparameter ist dabei die „Gestaltungsabsicht", in unserem Falle der **Innovations-Intent**, die (der) den gesamten Produktentwicklungsprozess von der Ideenkonkretisierung, über den Entwurf, die Konstruktion und die industrielle Fertigung bis hinein in die Produktbetreuung am Markt klammert. Insbesondere in der traditionellen heimischen, über Jahre und Jahrzehnte ausentwickelten industriellen Entwicklungspraxis sind am Problem orientierte Herangehensweisen von branchenspezifischen haus- und firmentradierten Individuallösungen gekennzeichnet. Im englischsprachigen Raum werden außerdem gerne die am Produkt orientierten Entwicklungsszenarien von den Problemorientierten, wie sie Gegenstand der einschlägigen VDI-Richtlinien[19] sind, unterschieden.

Gemeinsam ist problemorientierten und produktorientierten Entwicklungsprozessen eine Vorgehensgrundstruktur mit den Elementen: Aufgabenbeschreibung und Definition der Entwicklungsziele, Konzepterstellung, Erarbeitung von (Produkt-) Entwürfen, Konstruktion, im Sinne der Erstellung von Fertigungsunterlagen, Fertigung und der Produktbetreuung am Markt. Dabei schließt der Gestaltungsprozess in der Technik sowohl praktische, als auch ästhetische Aspekte ein. Der Datenfluss in Downsizing- wie in allen anderen Produktentwicklungsprozessen wird von hochentwickelten Computersystemen (Hard- und Software) erzeugt, geordnet und genutzt. Der Begriff „Computer Aided Engineering, CAE" fasst die Möglichkeiten der Computer-unterstützung der hier dargestellten Downsizing-Methode zusammen. Neben der Rechnerunterstützte Konstruktion (Computer Aided Design, CAD) sind dies Computerprogramme zur Mehrkörpersimulation (MKS), der Simulation mechanischer Beanspruchung von Bauteilen und Baugruppen (FEM), der Strömungswirklichkeit (Computational Fluid Dynamics, CFD) und die Berecvhnung und Simulation der Fluid- Struktur- Wechselwirkung (Fluid Structure Interaction, FSI). Zur Erstellung physikalischer Modelle und der Simulation der Bauteil-Wirklichkeit sind MKS, FEM, CFD und auf Laborebene die FSI bereits etablierte Verfahren. In der verallgemeinerten Dramaturgie des methodischen Downsizings liefern dann erste Studien über kinematische Beziehungen zwischen Bauteilen, Entscheidungsgrundlagen bei der Erstellung von konkurrierenden Konzepten. Viele struktur- und fluidmechanische Effekte werden in vereinfachenden Modellvorstellungen, vermittelt durch MKS, FEM und CFD überhaupt erst sichtbar. Durch eine Untergliederung in Teilsysteme

---

[19] VDI-R 2221

werden von Ein- und Ausgangsgrößen zu überschreitenden Systemgrenzen festgelegt und das Zusammenspiel von Energie-, Materie- und Informationsfluss beschrieben.

Das Konzept eines Gestaltungslösungsansatzes soll als erstes Element des methodischen Vorgehens beim Downsizing, neutral sein gegenüber der angestrebten Lösung. Bei stationären Vorgängen genügt die Bestimmung der Eingangs- und Ausgangsgrößen, bei zeitlich sich verändernden instationären Vorgängen ist darüber hinaus die Aufgabe transient zu definieren. Dabei ist es zunächst nicht wesentlich zu wissen, durch welche Lösung eine solche Funktion erfüllt wird. Etwa an dieser Stelle würden wir von unserem freundlichen fluidmechanischen Dämonen sprechen wollen. Die Funktion des innovativen Artefakten wird damit zu einer Formulierung der Aufgabe auf abstrakter und lösungsneutraler Ebene. Das computerunterstützte Physical Modeling (MKS, FEM, CFD, FSI) stellt in dieser Phase Entscheidungsgrundlagen bereit, indem Parameterstudien qualitative Vorstellungen und erste quantitative Aussagen herstellen und visualisieren. Nun können zum Erfüllen der Gesamtfunktion die Wirkprinzipien der Teilfunktionen zu einer Kombination verknüpft werden. Das führt zur Wirkstruktur einer Lösung, in der das Zusammenwirken mehrerer Wirkprinzipien erkennbar wird und das Lösungsprinzip zum Erfüllen der Gesamtaufgabe angegeben werden kann.

Entwurf und Konstruktion. Die Verbindung von Programmsystemen zur Zeichnungserstellung (CAD) und Simulationsprogrammen (CAD und FEM) sind Stand der Technik. Allerdings herrschen immer noch große Unterschiede in der Art der Kopplung. Bei projektbasierten Verknüpfungen bilden CAD-Systeme die organisatorische Basis von der aus die Daten in das Berechnungs-Programmsystem „verschoben" werden (müssen). Die Verluste an Informationen über Form und Funktion der anvisierten technischen Konstruktion stellen nicht selten ein Problem dar. Eine Lösung dieser Aufgabe stellt die Initial Graphics Exchange Specification (IGES) dar, die ein neutrales herstellerunabhängiges Datenformat definiert, welches dem digitalen Austausch von Informationen zwischen CAE-Programmen dient. Der Trend geht heute eindeutig zu CAD-Systemen mit fest verdrahteten physikalischen Modellen die es gestatten, Baugruppen zu animieren, Bewegungsabläufe zu simulieren und mit integrierter Festigkeitsberechnungsfunktion Bauteilbelastungen schon während der Konstruktion zu analysieren. Dem Konstrukteur und dem Designer wachsen in Zukunft Kompetenzen zu, die vor einigen Jahren dem Berechnungsingenieur vorbehalten waren; das ist bemerkenswert. Für die konstruktionsbegleitende Berechnung bieten mehrere Softwareentwickler Produkte an, die sich intuitiv bedienen und nahtlos in alle gängigen CAD-Programme integrieren lassen.

Aus der Sicht des methodischen Downsizing ist jedoch eine andere Entwicklung interessanter. Moderne hochperformante Berechnungs- und Simulationssoftware nähert sich von ihrem Kerngeschäft aus der Lösung des Problems des Datenverlustes beim digitalen Austausch von Informationen. Die Berechnungsprogramme (FEM- und CFD- Solver) werden dabei mit leistungsstarken parametrischen Geometrie- Modelierern ausgerüstet. Dies hat zur Folge, dass sich der Gestaltungsprozess förmlich umdreht: Aus dem Berechnungsergebnis auf der Grundlage der FEM- oder/und CFD- Software wird zukünftig Form, Geometrie und auch Funktion abgeleitet werden. Der Weg wird frei zu einer „automatisierten" Gestaltentwicklung, sobald der Prozess in einer „geeigneten Umgebung" stattfindet derart, dass die Gestaltungsparameter des CAD- Modelers zu den Objektvariablen einer Optimierungsstrategie werden. Weiter unten werden wir dieses Konzept auf den Downsizing-Prozess der avisierten Surfboardfinne anwenden und zwar genau „ohne" dass das Innovations-Phänomen (abstrahiert durch unseren freundlichen Dämonen – werde ich nicht müde hinzuzufügen) explizit verhandelt wird. Wir sprachen ja bereits über die Neutralität der Methode.

Das High-End dieser Konzepte sind freilich Berechnungsprozesse, die auf Algorithmen zur Optimierung hochdimensionaler komplexer fluidischer Systeme zielen, insbesondere der Berechnungen der Verformung elastischer Strömungskörper (FEM) des zugehörigen Strömungsgebietes (CFD) und der Kopplung der Simulation in einem gemeinsamen Ansatz (FSI). Derartige Simulationsmethoden sind bereits in der Erprobung. Für Innovationsphänomene die die belebte Natur zum Vorbild haben (Bionik im Allgemeinen und Bionic Engineering in unserem speziellen Fall) sind diese Szenarien deshalb so interessant, weil sie sich konzeptionell den biologischen (evolutiven) Gestaltfindungsvorgängen weiter annähern.

Simulationssoftware nimmt in den naturwissenschaftlichen und ingenieurwissenschaftlichen Berufsfeldern einen zunehmend größeren Anteil ein (organisatorisch, zeitlich und Kosten). In klassischen maschinenbaubetonten Produktentwicklungsmethodiken, wie etwa der VDI-R 2221, werden bereits in der frühen Phase Wirkprinzipien und Funktionsmodelle nachgefragt; sie geben erste Auskünfte über Form und Art, Abmessungen, Anordnung und Anzahl der

Gestaltungselemente eines frühen Entwurfs und bilden die Entscheidungsgrundlagen für die weitere Entwicklung.

Bei den hier avisierten Surfboardfinnen gewinnen gegenständliche Modelle, die mit Rapid Prototyping-Verfahren (RP) direkt aus den CAD-Datenbeständen generiert werden können weiter an Bedeutung. Zumindest ist das bei uns so. Experimentieren mit gegenständlichen Surfboard-Finnenmodellen umfasst das ganze Spektrum sehr einfacher Tests bis hin zu aufwändigen Erprobungen mit Prototypen und Vorläuferprodukten. Gegenständliche Modelle werden beim Entwerfen insbesondere dann eingesetzt, wenn ein funktioneller oder visueller Gesamteindruck gewonnen werden soll. Computerbasierte Beanspruchungsmodelle dienen der Klärung des Bauteilverhaltens bei äußerer Beanspruchung (statisch, dynamisch), Verformungs- und Funktionsmodelle zur Analyse des Bauteilverhaltens hinsichtlich der Kinematik und des dynamischen Verhaltens.

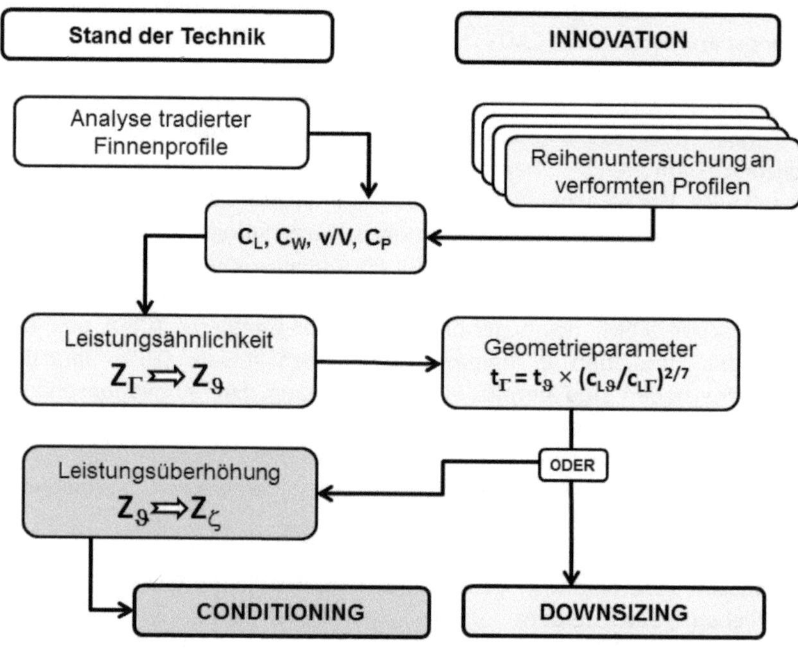

Leistungsähnlichkeit

Downsizing wird erwogen, wenn eine technischen Innovation bei gegebenen Leistungsvermögen, den strukturellen Aufwand, die Masse, den Bauraum oder sogar die Komplexität des technischen Artefakts verringert. Das Leistungsvermögen des Originalsystems und der optimierten Variante sei vergleichbar ähnlich oder gleich. Bei fluidischen Geräten, Maschinen und Apparaten wird eine (sehr) Ähnliche Strömungswirklichkeit in und um den Artefakten vorausgesetzt. Dabei sind Aspekte der „Skaliertheit" der avisiert physikalisch gleichwertigen Konstruktionen von Belang. Eine mögliche und eher theoretische Herangehensweise führt auf die Ähnlichkeitstheorie nach Maxwell[20].

Gesucht sind also Similaritätenmodelle, die aus der Ähnlichkeitstheorie stammen und die eine Dimensionsanalyse der zu untersuchenden physikalischen Größe nutzen, um dem Downsizing-Intend in der frühen Phase der industriellen Produktentwicklung zu genügen. Der paradigmatische Kern tradierter Similaritätsmodelle ist die Ähnlichkeitstheorie nach Maxwell, die auf dem Theorem von Buckingham aufbaut. Das Buckingham'sche π-Theorem[21] ist ein grundlegendes Theorem der Ähnlichkeitstheorie. Es beschreibt, wie eine physikalisch sinnvolle Gleichung mit n dimensionsbehafteten Größen in eine Gleichung mit n-m dimensionslosen Größen umgeschrieben werden kann, wobei m die Anzahl der verwendeten unabhängigen Grundgrößen ist. Weiterhin ist es durch das Buckingham'sche π-Theorem möglich, dimensionslose Kenn-zahlen zu einem Problem aus den Ausgangsgrößen zu ermitteln selbst dann, wenn der exakte Zusammenhang in Form von geschlossenen Gleichungen (noch) nicht bekannt ist. Die Buckingham'sche π-Gleichung und die Basisgleichung der Dimensionsanalyse nach Maxwell lauten:

$$\text{Buckingham} \qquad q = \pi[(K_m)^{a,n}]\, I^{m,n=3}$$
$$\text{Maxwell} \qquad q = M^{\alpha} \cdot L^{\beta} \cdot T^{\chi} \tag{1}$$

Das Buckingham'sche Theorem betrifft die gebrochene Dimension K, die die Dimensionen M, L, T der Maxwell'schen Similaritätsgleichung verallgemeinert.

---

[20] James Clerk Maxwell (1831-1879) schottischer Physiker. Begründer der kinetischen Gastheorie und der statistischen Mechanik. Maxwell-Gleichungen. Aus https://de.wikipedia.org/wiki/James_Clerk_Maxwell
[21] Das Buckinghamsche -Theorem nach https://de.wikipedia.org/wiki/Buckinghamsches_PI-Theorem

Diese Similaritätsgleichung besagt nun, dass eine beliebige physikalische Größe q als Produktfunktion der physikalischen Größen Masse (m), Länge (l) und Zeit (t) geschrieben werden kann. Dies gilt natürlich ebenso für die Dimensionen der physikalischen Größen, also M (der Masse (m) in [kg]), L (der Länge (l) in [m]) und T (der Zeit (t) in [s]). Die Exponenten α der Masseneinheit, β der Längeneinheit, und χ der Zeiteinheit sind die Variablen der Maxwell`schen Formel. Die Gleichung (1) ist die ausgeschriebene Variante der Produktfunktion (π-Funktion) mit den (m=3) Dimensionen K_1, K_2, K_3 nach Buckingham. Diese Tatsache ist von großer praktischer Bedeutung, denn alle physikalischen Größen können in Formen angegeben werden, in denen nur die drei Einheiten [kg], [m], [s] respektive die Dimensionen Masse M, Lange L, Zeit T vorkommen.

Größe	Symbol	Einheit	{Dimension}
Geschwindigkeit	v	[m/s]	$L \cdot T^{-1}$
Beschleunigung	a	[m/s^2]	$L \cdot T^{-2}$
Frequenz, Drehzahl	f	[1/s]	T^{-1}
Kraft	F	[kg m/s^2], [N]	$M \cdot L \cdot T^{-2}$
Druck	p	[N/m^2]	$M \cdot L^{-1} \cdot T^{-2}$
Impuls	I	[kg m/s]	$M \cdot L \cdot T^{-1}$
Energie, Arbeit	E, W	[kg m^2/s^2], [J]	$M \cdot L^2 \cdot T^{-2}$
Leistung	P	[kg m^2/s^3], [W]	$M \cdot L^2 \cdot T^{-3}$
Dichte	ρ	[kg/m^3]	$M \cdot L^{-3}$
E-Modul	E	[N/m^2]	$M \cdot L^{-1} \cdot T^{-2}$
Dyn. Viskosität	μ	[N s /m^2]	$M \cdot L^{-1} \cdot T^{-1}$
Kin. Viskosität	v	[m^2/s]	$L^2 \cdot T^{-1}$

Letztendlich suchen wir Produktfunktion für das Leistungsvermögen $P\sim L^{\eta}$ eines Systems, das nur noch von einem signifikanten Gestaltungsparameter, also der Länge L, abhängt. Eine verallgemeinernde Similaritätstheorie [Gör-75] postuliert zwei Paradigmata als Mindestanforderung für die Übertragbarkeit von Systemgrößen (1) Die Konstanz der Dichte von Modell und Realsystem und (2) die Gleichheit der Beschleunigung. Unter Achtung der postulierten Paradigmen können wir nun beliebige physikalische Sachverhalte in Formeln beschreiben, die lediglich die Dimensionen M, L, T beinhalten. Die Leistung P eines Systems ist die verrichtete (mechanische) Arbeit, respektive die erforderliche Energie E während einer Zeitdauer t:

Mechanische Leistung $\quad P = E / t \qquad [kg\ m^2/s^3, W] \qquad \{M \cdot L^2 \cdot T^{-3}\}$

Die erbrachte mechanische Arbeit W ist dabei beliebig; beispielsweise die kinetische Bewegungsenergie $E = \frac{1}{2}\ m\ [kg] \cdot v^2\ [m/s]$. Eine Beobachtung über die Zeit, liefert Aussagen zur Leistung eines Bewegungssystems. Wir betrachten den Maxwellschen Produktansatz (Gleichung oben) und fordern nach dem ersten Postulat der Similaritätstheorie die Konstanz der Dichte ρ=const., so gilt:

Maxwell	$q = M^\alpha \cdot L^\beta \cdot T^\chi$
Die Masse:	$m\ [kg] = V\ [m^3] \cdot \rho\ [kg/m^3]$ mit ρ=const. folgt: **m~V**
Dimension:	$\{\ M \sim L\ \}$

Bei konstanter Dichte ρ ist die Masse m proportional dem Volumen V. Dies gilt entsprechend für die Dimensionen M und L. Die Masse M eines Systems ist eine Funktion der dritten Potenz einer signifikanten Länge L. In der Maxwell'schen Gleichung können wir nun die Masse M durch eine Funktion der Länge L ersetzen, gemäß Gleichung (5). Diese Proportionalität $M \sim L^3$ setzen wir in den Maxwellschen Produktansatz ein:

Maxwell $\qquad q = L^{3\alpha} \cdot L^\beta \cdot T^\chi$

Das zweite Postulat der verallgemeinernden Similaritätstheorie fordert die Konstanz der Beschleunigungen zweier ähnlicher dynamischer Systeme. Allgemein gilt: die Geschwindigkeit ist $v=\Delta s/\Delta t$ und die Beschleunigung a ist die Änderung der Geschwindigkeit:

Geschwindigkeit $\quad v = \Delta s\ /\Delta t \quad$ bzw. $\quad v = ds\ /dt$
Beschleunigung $\quad a = \Delta v\ /\Delta t \qquad a = dv\ /dt \quad$ bzw. $\quad a = d^2 s\ /\ dt^2$
Also: $a\ dt^2 = d^2 s$ und $d^2 s \sim dt^2 \quad$ in Dimensionen: $\{L \sim T^2\}$ umstellen: $\{T \sim L^{1/2}\}$

Maxwell $\qquad q = L^{3\alpha} \cdot L^\beta \cdot L^{\chi/2}$

Wegen der Konstanz der Beschleunigung ist die zweifache Ableitung des Weges $d^2 s$ nach der Zeit proportional der infinitisimalen Zeit dt^2. Betrachten wir nur die Dimensionen, so liefert der Ansatz eine Aussage hinsichtlich der Proportionalität von Länge und Zeit. Das Buckingham'sche π-Theorem der

Similaritätstheorie ist die allgemeine Maxwellgleichung in ihrer auf die Längendimension bezogenen Form. Das verallgemeinerte physikalische Phänomen q, es könnte jede beliebige Größe repräsentieren, ist eine Funktion einzig der Länge L also: $q_L = F(L)$. Die Exponenten α (vormals der Masseneinheit), β (vormals der Längeneinheit), und χ (vormals der Zeiteinheit) verorten die (vormalige) Position in diesem Term. Gesucht war eine Proportionalität der Leistung P bezüglich einer Systemlänge L!

Mechanische Leistung: $P = W / t$ $[kg\,m^2/s^3]$, [W] $\{M \cdot L^2 \cdot T^{-3}\}$

Die Systemleistung P wird in Watt [W, kg m^2/s^3] angegeben. Eine Dimensionengleichung der mechanischen Leistung im Sinne des Buckinghamschen π-Theorems respektive der Maxwellschen Proportionalitätsgleichung würde also lauten:

F(Mechanische Leistung): $q_p = M \cdot L^2 \cdot T^{-3}$

Ein Exponentenvergleich für die in der auf die Systemlänge bezogene Maxwell`schen Similaritätsgleichung liefert umgehend eine Proportionalität für die mechanische Leistung:

Maxwell $\qquad q_L = L^{3\alpha} \cdot L^{\beta} \cdot L^{\chi/2}$

mit den Exponenten: $\alpha = 1,\ \beta = 2,\ \chi = -3$
F(Leistung): $q_L = L^3 \cdot L^2 \cdot L^{-3/2}$
Leistung: $P \sim L^{\eta} = P \sim L^3 \cdot L^2 \cdot L^{-3/2} = P \sim L^{(3+2-3/2)}$ $\qquad \mathbf{P \sim L^{3,5}}$

Die Leistung ist also proportional einer signifikanten Länge mit dem Exponenten $\eta = 3,5$.

Strömungskräfte beim Manövrieren

Eine der Aufgaben einer Leit- und Steuertragfläche an einem Seefahrzeug ist das Erzeugen und Bereitstellen von Querkraft, die zum Manövrieren benötigt wird. „Bezahlt" wird das Auftriebsgebaren mit dem fluidmechanischem Widerstand des Erzeugendensystems. Der Leistungsaspekt ist vor dem Hintergrund interessant, weil bei großen Seefahrzeugen die zum Manövrieren erforderlichen Strömungskräfte durchaus nicht nur mit Tragflügesystemen, sondern mit Propellerantrieben realisiert werden, was in die Leistungsbilanz als

Verlust eingeht. Wir werden sehen, wie - vor dem Hintergrund rezenter Entwicklungen und Trends - „leistungsfähig" ein auf Tragflügeln basierendes Lenksystem ist. Nun: unterschiedlichen strömungsmechanisch wirksamen Tragflügeln geling die Querkrafterzeugung mehr oder weniger gut. Aber Innovationen auf dem Gebiet der Strömungskontrolle und der Optimierung der (Leistungs-) Parameter von Profilkonturen schlagen hier mit attraktiven Wirkungsgradverbesserungen zu Buche. Manövrieren bedeutet in diesem Zusammenhang die kontrollierte Lage- und Positionsänderung eines Seefahrzeugs. Eine grobe Einteilung der Schiffsbewegungen beim Manövrieren benennt das Rollen oder Schlingern (ROLL), entsprechend einer Rotation um die X-Achse, das Stampfen (PITCH), entsprechend einer Rotation um die Y-Achse und das Gieren (YAW) entsprechen Rotation um die Z-Achse. Des Weiteren die der Fortbewegung überlagerte translatorische Schiffsbewegung in X-Richtung (SURGE), der translatorischen Seitenverschiebung in Y-Richtung (SWAY) und der Hebebewegung in Z-Richtung (HEAVE). Vergleichbar sind die Verhältnisse beim Surfen. Eine Surferin manövriert, indem sie (oder er) mit ihrem Board ein Manöver fährt. Das ist ein komplexer Bewegungsablauf des gesamten Mensch-Board-Systems. Anders als bei einem Schiffsruder, stellt die unbewegliche Finne eines Surfboards einen starren Manövrierapparat dar. Die Tragflügel zentral an einem Board angeordneter Finnen sind darüber hinaus symmetrisch profiliert. Sie müssen also schräg zur (Haupt-) Strömungsrichtung stehen, um die zur Richtungsänderung beim Manövrieren notwendigen Strömungskräfte erzeugen zu können. Bei Surfboards ist also das gesamte Seefahrzeug an der Lenkbewegung beteiligt. Die Manövrierbarkeit eines Seefahrzeugs und damit das Kräftegeschehen ist bei beweglichen Schiffsrudern reichlich kompliziert. Bei (beweglichen) Rudertragflächen großer Seefahrzeuge wird, um die Manövrierfähigkeit des Seefahrzeugs zu ermitteln, in einem indirektem Verfahren ein Zusammenhang zwischen dem Ruderwinkel und der so genannten „Drehrate" des Seefahrzeugs gemessen und als Steuerkurve dargestellt. Derart (indirekte) Quantifizierungen der Manövrierbarkeit sind bei Surfboards nicht üblich. Unter den Einfluss-faktoren auf den Auftrieb nehmen die spezifischen weil skaleninvarianten Gestaltungsparameter eine besondere Stellung ein. In erster Linie sei hier die Tragflügelstreckung λ und die Auftriebs- und Widerstandskoeffizienten der Kontur des umströmten Tragflügelprofils genannt. Bei unserer am Heck des Seefahrzeugs zentral angebrachten Finne interessiert nun die Kraft, die durch Strömung erzeugt wird und damit die Geschwindigkeitsverhältnisse an diesem umströmten Tragflügel. Tatsächliche aber auch scheinbare Geschwindigkeiten lassen sich „relativ gut vorstellen".

Der fluidmechanische Widerstand R und der Lift L sind mit der herrschenden Strömungsgeschwindigkeit quadratisch verknüpft. In einem nächsten Schritt lassen sich die generierbaren Kräfte Lift L (Querkraft, Auftrieb) orthonormal zur Strömungsrichtung und der (entlang der Strömungsrichtung axiale) Strömungswiderstand W berechnen.

GEOMETRIE

Tragflügelfläche (Aufprojetzion)	A_a	[m2]
Tragflügelfläche (Frontprojetzion)	A_p	[m2]
Tragflügelfläche (benetzt)	A_b	[m2]
Tragflügeltiefe, Profiltiefe	t	[m]
Tragflügelbreite, (~Spannweite w)	b	[m] $b = w/2$
Schlankheitsgrad	λ	[-] $\lambda = A_a/b^2$

KRÄFTE

Strömungskraft (vektoriell, Finne)	F_S	[N]
Drehmoment (Seefahrzeug)	M_{FZ}	[N m]
Auftrieb, Querkraft, Lift (radial, Finne)	L	[N] $L = c_a \cdot A_a \cdot v^2 \cdot \rho/2$
Formwiderstand (axial, Finne)	R_F	[N] $R_F = c_w \cdot A_p \cdot v^2 \cdot \rho/2$
Reibungswiderstand (axial, Finne)	R_R	[N] $R_R = c_r \cdot A_b \cdot v^2 \cdot \rho/2$
induzierter Widerstand (axial, Finne) R_I		[N] $R_I = c_I \cdot A_a \cdot v^2 \cdot \rho/2$

KOEFFIZIENTEN

Querkraftbeiwert (messen, rechnen)	c_L	[-]
Widerstandsbeiwert (glatt, laminar)	c_r	[-] $c_r = 1{,}327 \cdot (Re)^{-1/2}$
Widerstandsbeiwert (glatt, turbulent)	c_r	[-] $c_r = 0{,}074 \cdot (Re)^{-1/5}$
Beiwert des induzierten Widerstands[22]	c_I	[-] $c_I = \lambda\, c_L^2 / \pi$

ENERGIE und LEISTUNG

translatorischer Verschiebeweg (Finne)	s	[m]
Rotations-Drehwinkel (Seefahrzeug) γ		[°]
Geschwindigkeit (Finnenrelativ ~)	v	[m s^{-1}]
Winkelgeschwindigkeit (Seefahrzeug)	ω	[s^{-1}]
Arbeit, Energie	W	[N m] [J]
Leistung (strömungsmechanische ~)	P	[N m s^{-1}] [J s^{-1}] [W]
Die erforderliche Verschiebearbeit	W	[J] $W_T + W_R = \Sigma\, F_S\, \Delta s + \Sigma\, M_{FZ}\, \Delta\gamma$
Die aufzuwendende Verschiebeleistung	P	[W] $P_T + P_R = \Sigma\, F_S\, \Delta v + \Sigma\, M_{FZ}\, \omega$

---

[22] gemäß elliptischer Auftriebsverteilung nach Prandtl

Manövrierleistung

Fragen wir zunächst, wieviel Energie ein Lenkmanöver verzehrt. Die Verschiebearbeit W am fluidischen (Oberflächen-) Transportsystem enthält einen translatorischen Anteil ($\Sigma F_S \Delta s$) und einen rotatorischen Anteil ($\Sigma M_{FZ} \Delta\gamma$). Im Gegensatz beispielsweise zum Schiffsruder, ist eine unbewegliche Finne (eines Surfboards) ein passives Manövriersystem. Die Tragflügel zentraler Finnen sind darüber hinaus symmetrisch profiliert und müssen beim Manövrieren schräg zur (Haupt-) Strömungsrichtung stehen, um die zur Richtungsänderung notwendigen Strömungskräfte erzeugen zu können. Die zum Manövrieren aufzuwendende Verschiebe-leistung enthält (analog zur Verschiebearbeit) ebenfalls einen translatorischen und einen rotatorischen Anteil, also: $P = P_T + P_R = \Sigma F_S \Delta v + \Sigma M_{FZ} \Delta$. Wenn an dieser Stelle die Rotation um die Z-Achse, das Gieren (YAW), nicht berücksichtigt werden soll, vereinfacht sich die erforderliche Verschiebeleistung auf den translatorischen Anteil $P_T = \Sigma F_S \Delta v$.

In einer ebenen zweidimensionalen (Lagrange-) Betrachtungsweise besitzt die Manövrierleistung eine axiale Komponente, die Verlustleistung P_{TW}, die von den axilalen Strömungswider-ständen herrührt und eine produktive (zur Widerstandskraft orthonormalen) Komponente P_{TL}, die aus dem Auftriebsgebaren Leit- und Steuertragfläche stammt.

$$P_{TL} = L \cdot v = c_L \cdot A_a \cdot v^3 \cdot \rho/2 \qquad [W] \qquad (11)$$

$$P_{TW} = \Sigma R \cdot v = R_F \cdot v + R_R \cdot v + R_I \cdot v \qquad [W]$$

mit: Formwiderstand $\qquad R_F = c_w \cdot A_p \cdot v^2 \cdot \rho/2$

Reibungswiderstand $\qquad R_R = c_r \cdot A_b \cdot v^2 \cdot \rho/2$

induzierter Widerstand $\quad R_I = c_i \cdot A_a \cdot v^2 \cdot \rho/2$

Bemerkenswert ist in diesem Zusammenhang, dass die entscheidende Größe in der Manövrierleistung die Anströmgeschwindigkeit v ist, die in der dritten Potenz das fluidische Lenkgeschehen das aus Kräften stammt, dominiert. Der lineare Term ($c_L \cdot A_a \cdot \rho/2$) der Manövrierleistung enthält den Liftbeiwert c_L (Auftriebskoeffizient) und die Tragflügelfläche A_a. Der Auftriebskoeffizient hängt von der Profilauswahl und von dem Anstellwinkel ab, mit dem der Tragflügel „gefahren" wird.

Kommen wir zurück zu der Ausgangsfrage, der Ähnlichkeitsbetrachtung und speziell dem Downsizing. Mit der Gleichung (9) ist eine Beziehung gegeben, die das Leistungsvermögen P proportional zu einem signifikanten Gestaltungsparameter mit dem Exponenten $\eta = 3{,}5 = 7/2$ angibt und damit einer Skalierungsvorschrift der Geometrie für eine physikalisch gleichwertige Konstruktion: $P \sim L^{3,5}$.

Tatsächlich steht in den rezenten Forschungsbemühungen der Liftkoeffizient c_L einer Tragflügelprofilkontur zur Disposition. Neben dem Stand der Technik und einer gegebenen Ausgangskonstruktion $\vartheta[c_L]$ soll eine optimierte Zielkonstruktion $\Gamma[c_{L,OPT}]$ existieren, mit vergleichbar identischer Leistungsfähigkeit $P = P_\vartheta = P_\Gamma = \text{CONST}$. Der signifikante Gestaltungsparameter der zu optimierenden Zielkonstruktion $\Gamma[c_{L,OPT}]$ einer Leit- und Steuertragfläche, beispielsweise einer Surfboardfinne sei die Profiltiefe t_Γ.

Die translative Manövrierleistung $\qquad t^{3,5} \sim P_{TL} = c_L \cdot A_a \cdot v^3 \cdot \rho/2$

Zustandsänderung ($\vartheta[c_L]$, $\Gamma[c_{L,OPT}]$): $\quad c_{L\vartheta} \cdot (t_\vartheta)^{3,5} \sim P_\vartheta = P_\Gamma \sim (t_\Gamma)^{3,5} \cdot c_{L\Gamma}$

Die Identität: $\qquad (t_\Gamma)^{3,5} = (t_\Gamma)^{3,5} \cdot (c_{L\vartheta}) / (c_{L\Gamma}) = (\, (t_\vartheta)^{3,5} \cdot (c_{L\vartheta}) / (c_{L\Gamma}) \,)^{1/3,5}$

Der signifikante Gestaltungsparameter t_Γ der Zielkonstruktion: $t_\Gamma = t_\vartheta \cdot ((c_{L\vartheta})/(c_{L\Gamma}))^{1/3,5}$

$$\text{Die Profiltiefe } \mathbf{t_\Gamma = t_\vartheta \cdot (c_{L\vartheta}/c_{L\Gamma})^{2/7}}$$

Im Besitz einer hinsichtlich der Auftriebsbeiwerte verbesserten Profilkontur des fluidmecha-nisch wirksamen Tragflügels der Leit- und Steuertragfläche eines Seefahrzeugs, gelingt die Verkleinerung signifikanter Gestaltungsparameter (Downsizing) beispielsweise die Profiltiefe der avisierten, leistungsgleichen Zielkonstruktion nach der Ähnlichkeitstheorie von Maxwell. Die Argumentation erfolgt über das Leistungsvermögen des Tragflügels in Fahrt.

Downsizing und Reverse Design

Die Frage bleibt offen, welcher Faktor die Finne derart verkleinert, dass Leistungsähnlichkeit herrscht und wie läßt sich dieser Skalenfaktor ermitteln. Die Maxwell'sche Ähnlichkeits-theorie führt auf eine ausgesprochen griffige Formulierung für die Herabskalierung geometrischer Größen, liefert aber nicht die erwünschen Ergebnisse.

Newton. Mir wurde nun ein Ansatz empfohlen der über die Newton-Zahl[23] führt. Diese ist eine dimensionslose Kennzahl der Strömungsmechanik und beschreibt das Verhältnis der Widerstandskraft eines Strömungsbauteils zur Trägheitskraft des Fluidstroms der Strömung. Ähnlich der Reynolds-Similarität taucht in der Newtonzahl die signifikante Länge L eines Strömungsbauteils auf. Der Strömungswiderstand des Bauteils sei gegeben mit $F_W = \Sigma\,R$ [N] und die Strömungswirklichkeit mit der Dichte des Mediunms ρ [kg/m^3] und der Anströmgeschwindigkeit v [ms^{-1}]. Kommt der Strömungswiderstand des Bauteils durch einen Druckunterschied zustande, also $F_W = \Delta p \cdot L^2$ sind NEWTON-Zahl und EULER-Similarität identisch:

Newton-Zahl: $\qquad Ne = \Sigma\,R\,/\,(v^2 \cdot \rho\,L^2)\quad$ mit $F_W = \Sigma\,R = \Delta p \cdot L^2$ [N]

Euler-Zahl: $\qquad Eu = \Delta p\,/\,(v^2 \cdot \rho) = Ne$

Anwendung findet die Newtonzahl in der Verfahrenstechnik beispielsweise bei der geometrischen Auslegung von Rührern[24]. Ein gut untersuchter Fall. Natürlich können wir uns einen Rührer wie eine Finne vorstellen, die im Kreis arbeitet.

Die Leistung $P_L = c_L \cdot A \cdot v^3 \cdot \rho/2$ [W] einer Arbeitstragfläche A sei mit einem spezifischen Liftbeiwert c_L gegeben. Die Arbeitstragfläche A sei ihrerseits die Lateralfläche aller Skalenvarianten und alleine von einer signifikanten Bauteillänge, hier der Profiltiefe t abhängig, also $A = q \cdot t^2$. Die Fluidgeschwindigkeit v [ms^{-1}] entspricht einer (Ereignis-) Frequenz f [s^{-1}] die an einer (signifikanten) Bauteillänge t [m] wirksam wird, also $v = t \cdot f$, so dass hergeleitet werden kann:

$$P_L = c_L \cdot A \cdot v^3 \cdot \rho/2 \quad = c_L \cdot q \cdot t^2 \cdot v^3 \cdot \rho/2 \quad = c_L \cdot q \cdot t^2 \cdot t^3 \cdot f^3 \cdot \rho/2 \qquad [W]$$

In der einschlägigen Literatur wird an dieser Steklle der Zusammenhang der Leistung P_L einer Arbeitstragfläche mit der Newtonzahl Ne hergestellt.

Leistung einer Arbeitstragfläche $\qquad P_L = c_L \cdot q \cdot t^5 \cdot f^3 \cdot \rho/2 \qquad = Ne\,t^5 \cdot f^3$ [W]

Eine Innonation soll auf die Zustandsänderung ($\vartheta[c_L]$, $\Gamma[c_L]$) führen und bei Leistungsähn-lichkeit für eine bestimmte Strömungswirklichkeit (v=const)

---

[23] NEWTON-Zahl. Benannt nach dem englischen Physiker Isaak Newton. Die Newtonzahl beschreibt das Verhältnis aus Fließwiderstand und Trägheitskraft einer Strömung.

[24] Rührer bla

derTerm ($f^3 q \cdot \rho / 2$) konstant sein, so dass die Leistung P_L proportional dem Produkt aus Liftkoeffizient und der fünften Potenz signifikanter Länge ist, wie folgt: $P_L \sim c_L \cdot t^5$. Für die translativen Manövrierleistungen gilt dann bei Zustansdsänderung (ϑ, Γ) die Identität:

$$\text{Identität:} \quad t_\vartheta{}^5 \cdot c_{L\vartheta} \sim \mathbf{P_\vartheta} \quad = \mathbf{P_\Gamma} \sim c_{L\Gamma} \cdot t_\Gamma{}^5$$

$$t_\Gamma{}^5 \quad = t_\vartheta{}^5 \cdot (c_{L\vartheta} / c_{L\Gamma})$$

Der signifikante Goemetrieparameter $\quad \mathbf{t_\Gamma} \quad = \mathbf{t_\vartheta} \cdot \mathbf{(c_{L\vartheta}/c_{L\Gamma})^{1/5}}$

Der Ansatz über die Newtonzahl identifiziert den Exponenten $\kappa = 1/5$ für den Quotienten der Auftriebskoeffizienten $(c_{L\vartheta}/c_{L\Gamma})^\kappa$ in der Transformationsvorschrift. Mit den Auftriebsbei-werten im Zustand(ϑ) des ursprünlichen Tragflügels: $c_{L\vartheta} = 0.58$ und dem Zustand(Γ) des Zielsystems: $c_{L\Gamma} = 1.68$ erhalten wir einen Skalenfaktor von: $(c_{L\vartheta}/c_{L\Gamma})^{1/5} = 0.81$. Ähnlich dem Ansatz nach der Maxwell`schen Ähnlichkeitstheorie liefert ein Newton-Ansatz keinen Fortschritt für ein leistungsfähiges Downsizing-Konzept. Abschließend möchte ich noch einen praxisorientierten Weg beschreiben, der im Fokus rezenter Entwicklungs- und Forschungs-bemühungen anderer steht. Die „Preiswert-Variante" unter den Downsizingkonzepten hat einen gut klingenden Namen.

Reverse Engineering (engl., bedeutet: *umgekehrt entwickeln*, rekonstruieren, Kürzel: *RE*), bezeichnet den Vorgang, aus einem bestehenden, fertigen Design durch Analyse der Strukturen, Zustände und Verhaltensweisen jene Gestaltungselemente zu extrahieren, die einer Optimierung, oder Konditionierung zugänglich sind, mit dem Ziel, die Gesamtkonstruktion in ihrer Funktionalität, Wirkung oder Leistungsfähigkeit zu verbessern. Aus einem fertigen, existierenden Produkt wird also (erneut) ein „Plan" erstellt. Die Vorgehensweise des Reverse Engineering wird vor dem Hintergrund rasanter Entwicklungen in der Analyse-, Simulations- und Darstellungstechnik massiv gestüzt und vorangetrieben. Festigkeitsanalysen, die Berechnung der Strömungswirklichkeit, die Simulation der Fluid- Struktur-Wechselwirkung und zunehmend die dreidimensionale Darstellung der Gestaltungslösung in virtuellen Räumen CAVE sind dieser Tage ein starkes Motiv (für uns), den methodischen Kern des Reverse Engineering weiter zu entwickeln. Am Anfang einer Downsizing-Kampagne für Surfboardfinnen im Stile des Reverse Engineering gilt es eine variable und simulationsfähige Geometrie zu erstellen. Die Variierbarkeit soll dabei möglichst breit angelegt sein, bei gleichzeitiger Robustheit der Variationen. Hierfür scheint das Konzept der standardisierten

Laborfinne LABFin eine gute Ausgangskonfiguration darzustel-len, insbesondere in Hinblick auf das Ziel, Modelle, Berechnungen und Simulationsläufe für Designstudien und Formoptimierungen zu automatisieren. LABFin wurde für so genannte Constraint-Designaufgaben entwickelt stellt aber gleichzeitig Spielräume für Laboruntersuchungen bereit. Die parametrische Modellierung der Laborfinne ermöglicht eine effiziente Variation der Geometrie im Designprozess. Reverse Engineering funktioniert jedoch genau umgekehrt. Anstatt die Änderung der Zielfunktion aufgrund einer Veränderung des Parameterwerts auszuwerten, wird die erforderliche Veränderung der Parameterwerte für eine gewünschte Änderung der Zielfunktion berechnet. Innerhalb einer einzigen Berechnung liefert diese Methode, ungeachtet der Anzahl der Parameter, den Gradienten der Zielfunktion. Die vollständige Analyse würde hingegen die ursprüngliche Strömungsberechnung erfordern.

Die Gestaltungsafgabe besteht darin, bei (Manöver-) Leistungsähnlichkeit zweier Surfboardfinnen, vor dem Hintergrund einer Innovation der Auftriebs-entwicklung des Finnentragflügels, die Tragfläche zu skalieren. Betrachten wir hierzu erneut die radiale Komponenten der Manövrierleistung der Surfboardfinne:

Die translative Manövrierleistung $\quad P_{TL} = c_L \cdot A_a \cdot v^3 \cdot \rho/2$

Die Innonation soll auf die Zustandsänderung $(\vartheta[c_L], \Gamma[c_L])$ führen. Für die translativen Manövrierleistungen gilt bei Zustansdsänderung (ϑ, Γ) die Identität:

$$\text{Identität:} \quad \rho/2 \cdot v^3 \cdot A_{a\vartheta} \cdot c_{L\vartheta} = \mathbf{P_\vartheta} = \mathbf{P_\Gamma} = c_{L\Gamma} \cdot A_{a\Gamma} \cdot v^3 \cdot \rho/2$$

Die projezierte Tragflügelfläche ist A_a und für jede positiv gepfeilte Laborfinne gegeben als:

$$\text{Lateralfläche:} \quad A_a = (a \cdot t) - (a^2 \tan \alpha)/2$$

Für die spezifische Laborfinne LABFin[t,6,1.2·t,0.7·t,NACA0006] ist die Tragflügellänge a und die Pfeilung von der Deklaration abhängig gegeben mit: a= 1.2 t und tan(α=16°) = 0.287, so dass die Lateralfläche aller Skalenvarianten alleine von der Profiltiefe t abhängig ist und unmittelbar folgt: mit q = 0.856

$$A_a = (1.2 \cdot t \cdot t) - ((1.2 \cdot t)^2 \cdot \tan \alpha)/2$$
$$A_a = t^2 \cdot (1 - (\tan \alpha)/2)$$
$$A = F(t, a) = A_a = 0.856 \cdot t^2 = q \cdot t^2 \quad \text{mit } q = 0.856$$

Der Faktor q ist skaleninvariant und kann aus der Identität gestrichen werden:

$$\rho/2 \cdot v^3 \cdot A_{a\vartheta} \cdot c_{L\vartheta} = P_\vartheta = P_\Gamma = c_{L\Gamma} \cdot A_{a\Gamma} \cdot v^3 \cdot \rho/2$$
$$q\,(t_\vartheta)^2 \cdot c_{L\vartheta} = c_{L\Gamma} \cdot q\,(t_\Gamma)^2$$
$$t_\Gamma^2 = t_\vartheta^2 \cdot (c_{L\vartheta}/c_{L\Gamma})$$
$$\mathbf{t_\Gamma = t_\vartheta \cdot (c_{L\vartheta}/c_{L\Gamma})^{1/2}}$$

Für die Transformationsvorschrift haben wir den signifikanten Exponenten $\kappa=1/2$ des Quotienten der Auftriebskoeffizienten $(c_{L\vartheta}/c_{L\Gamma})^\kappa$ ermittelt. Dieser unterscheidet sich von dem mit der Maxwellschen Ähnlichkeitstherie ermittelten Exponenten $\kappa=1/3.5$ und dem Newton-Ansatz mit $\kappa=1/5$.

Reverse Enginering liefert mit den Auftriebsbeiwerten im Zustand(ϑ) des ursprünlichen Tragflügels: $c_{L\vartheta}=0.58$ und dem Zustand(Γ) des Zielsystems: $c_{L\Gamma}=1.68$ einen Skalenfaktor von: $(c_{L\vartheta}/c_{L\Gamma})^{1/2} = 0.588$, so dass der signifikante Gestaltungsparameter t_Γ der Zielkonstruktion, die Profiltiefe geschrieben werdebn kann:

Der signifikante Goemetrieparameter $\qquad \mathbf{t_\Gamma = t_\vartheta \cdot (c_{L\vartheta}/c_{L\Gamma})^{1/2} = t_\vartheta \cdot 0.588}$

Das Programm LABFin ermittelt die Manövrierleistung der standardisierten Laborfinne nach dem Mittelschnittverfahren für Tragflügelanalysen. LABfin ist ein sehr einfaches Programm und sollte in der laufenden Kampagne nur den Taschenrechner als Fehlerquelle ersetzen. Es kann sich dabei um Messdaten[25] über reale Tragflügelprofile handeln, Berechnungsergebnissen aus hochauflösenden CFD-Analysen, oder wie in unserem Fall, um Berechnungsergebnisse einer Potentialtheoretischen Untersuchung. Die Geometrie der Laborfinne ist sehr einfach, der Tragflügel ist ein Trapez mit einer rechtwinkligen Seite. Deshalb habe ich für einen ersten Hub auf die Anwendung des feinauflösenden Traglinienverfahrens[26] das einen gewissen Deklarationsaufwand erfordert, verzichtet und ein so genanntes Mittelschnittverfahren programmiert.

---

[25] Siehe auch: The Airfoil Investigation Database, http://www.worldofkrauss.com/foils/578
UIUC Airfoil Coordinates Database, http://www.ae.illinois.edu/m-selig/ads/coord_database.html
[26] Dienst, Mi. (2016) Fast Fluid Computation. München, GRIN Verlag, http://www.grin.com/de/e-book/322622/fast-fluid-computation-ffc

INDEX	Wert	Dim	Beschreibung	inProgm.
	**Analysedaten für eine Laborfinne mit dem Programm LABFin (V1.1.)**
Berechnungs- und Messdaten			**LABFin[100][6][120][60][NACA0006]**	
1	0.100000	[m]	t Standard-Profil-Konturtiefe Wurzel (setting)	t
2	0.120000	[-]	a Tragflügellänge (setting)	a
3	0.060000	[-]	b Profil-Konturtiefe Tip (setting)	b
4	0.006000	[m]	D Profil-Dicke Wurzel (NACA-Spezifikation)	d
5	0.583000	[-]	CL Liftbeiwert aus Analyse NACA	CL
6	0.053290	[-]	CW Widerstandsbeiwert aus Analyse NACA	CW
7	8.000000	[°]	Stallwinkel aus Analyse NACA	aS
8	5.000000	[m s-1]	Basis-Geschwindigkeit (Vunendlich)	vv
9	1000000	[-]	RE, Reynoldszahl	RE
0	18.434947	[°]	Pfeilungswinkel Tragflügel (bugseitig)	beta_b
1	1.500000	[-]	Schlankheitsgrad Tragflügel (Aspect Ratio)	AspR
2	0.009600	[m2]	Tragflügelflaeche lateral (radial)	A_LAT
3	0.019200	[m2]	Tragflügelflaeche benetzt (radial)	A_BEN
4	0.000720	[m2]	Tragflügelflaeche projeziert (axial)	A_PRJ
5	0.009167	[m]	x-Druckmittelpunkt auf Tragflügel (radial)Null=x0	PsX
6	0.055000	[m]	y-Druckmittelpunkt auf Tragflügel (radial)Null=y0	PsY
7	8.000000	[°]	Winkel der Anströmrichtung, Stallwinkel	aS
8	5.000000	[ms-1]	v-unendlich resultieren geg. Profilseele	vreu
9	-0.727500	[ms-1]	v-unendlich x-Komponente.	vxue
0	4.946791	[ms-1]	v-unendlich y-Komponente.	vyue
1	0.583000	[-]	Lift-Koeffi (aus Analyse NACA)	c_LIFT
2	0.053290	[-]	Form-Koeffi (aus Analyse NACA)	c_DRAG
3	0.004669	[-]	Reibungs-Koeffi (NACA)	c_FRIC
4	0.072127	[-]	induziert-wi-Koeffi (NACA)	c_INDU
5	0.174900	[m2s-1]	Zirkulation am Fluegel-Tip	vortty
6	69.820080	[N]	**Liftkraft**	K_LIFT
7	0.478651	[N]	Form-Wi-Kraft	K_DRAG
8	1.118339	[N]	Reib-Wi-Kraft	K_FRIC
9	8.637891	[N]	induzierte Wi-Kraft	K_INDU
0	10.234881	[N]	**totale Wi-Kraft**	K_SUMM
1	70.566255	**[N]**	**resultierende ManoeverierKraft**	**K_RES**
2	81.660436	[°]	Kraftrichtung(Manoever); Null = achteraus	gama_Kres
3	349.100400	[W]	**LiftLeistung**	**P_LIFT**
4	2.393254	[W]	Form-Wi-Leistung	P_DRAG
5	5.591695	[W]	Reib-Wi-Leistung	P_FRIC
6	43.189455	[W]	induzierte Wi-Leistung	P_INDU
7	51.174404	**[W]**	**totale Widerstands-Leistung**	**P_SUMM**
8	352.831275	**[W]**	**resultierende ManoeverierLeistung**	**P_RES**
9	81.660436	[°]	Leistungsrichtung(Manoever); Null = achteraus	gama_Pres

Analysedaten für eine Laborfinne mit dem Programm LABFin (V1.1.)				
Berechnungs- und Messdaten			LABFin[55][9][120][60][NACA8309]	
INDEX	Wert	Dim	Beschreibung	inProgm.
1	0.055000	[m]	t Standard-Profil-Konturtiefe Wurzel (setting)	t
2	0.066000	[-]	a Tragflügellänge (setting)	a
3	0.033000	[-]	b Profil-Konturtiefe Tip (setting)	b
4	0.004950	[m]	D Profil-Dicke Wurzel (NACA-Spezifikation)	d
5	1.895000	[-]	CL Liftbeiwert aus Analyse NACA	CL
6	0.029580	[-]	CW Widerstandsbeiwert aus Analyse NACA	CW
7	11.000000	[°]	Stallwinkel aus Analyse NACA	aS
8	5.000000	[m s-1]	Basis-Geschwindigkeit (Vunendlich)	vv
9	1000000	[-]	RE, Reynoldszahl	RE
0	18.434947	[°]	Pfeilungswinkel Tragflügel (bugseitig)	beta_b
1	1.500000	[-]	Schlankheitsgrad Tragflügel (Aspect Ratio)	AspR
2	0.002904	[m2]	Tragflügelflaeche lateral (radial)	A_LAT
3	0.005808	[m2]	Tragflügelflaeche benetzt (radial)	A_BEN
4	0.000327	[m2]	Tragflügelflaeche projeziert (axial)	A_PRJ
5	0.005042	[m]	x-Druckmittelpunkt auf Tragflügel (radial)Null=x0	PsX
6	0.030250	[m]	y-Druckmittelpunkt auf Tragflügel (radial)Null=y0	PsY
7	8.000000	[°]	Winkel der Anströmrichtung, Stallwinkel	aS
8	5.000000	[ms-1]	v-unendlich resultieren geg. Profilseele	vreu
9	-0.727500	[ms-1]	v-unendlich x-Komponente.	vxue
0	4.946791	[ms-1]	v-unendlich y-Komponente.	vyue
1	1.895000	[-]	Lift-Koeffi (aus Analyse NACA)	c_LIFT
2	0.029580	[-]	Form-Koeffi (aus Analyse NACA)	c_DRAG
3	0.004669	[-]	Reibungs-Koeffi (NACA)	c_FRIC
4	0.762039	[-]	induziert-wi-Koeffi (NACA)	c_INDU
5	0.312675	[m2s-1]	Zirkulation am Fluegel-Tip	vortty
6	68.650923	[N]	**Liftkraft**	K_LIFT
7	0.120556	[N]	Form-Wi-Kraft	K_DRAG
8	0.338298	[N]	Reib-Wi-Kraft	K_FRIC
9	27.606695	[N]	induzierte Wi-Kraft	K_INDU
0	28.065548	[N]	**totale Wi-Kraft**	K_SUMM
1	74.166193	**[N]**	**resultierende ManoeverierKraft**	**K_RES**
2	67.764497	[°]	Kraftrichtung(Manoever); Null = achteraus	gama_Kres
3	343.254615	**[W]**	**LiftLeistung**	**P_LIFT**
4	0.602779	[W]	Form-Wi-Leistung	P_DRAG
5	1.691488	[W]	Reib-Wi-Leistung	P_FRIC
6	138.033474	[W]	induzierte Wi-Leistung	P_INDU
7	140.327741	**[W]**	**totale Widerstands-Leistung**	**P_SUMM**
8	370.830966	**[W]**	**resultierende ManoeverierLeistung**	**P_RES**
9	67.764497	[°]	Leistungsrichtung(Manoever); Null = achteraus	gama_Pres

Mittelschnittverfahren

Analysedaten für eine Laborfinne mit dem Programm LABFin (V1.1.)				
Berechnungs- und Messdaten			LABFin[59][6][120][60][NACA8306]	
INDEX	Wert	Dim	Beschreibung	inProgm.
1	0.058900	[m]	t Standard-Profil-Konturtiefe Wurzel (setting)	t
2	0.070680	[-]	a Tragflügellänge (setting)	a
3	0.035340	[-]	b Profil-Konturtiefe Tip (setting)	b
4	0.005301	[m]	D Profil-Dicke Wurzel (NACA-Spezifikation)	d
5	1.684000	[-]	CL Liftbeiwert aus Analyse NACA	CL
6	0.019970	[-]	CW Widerstandsbeiwert aus Analyse NACA	CW
7	8.000000	[°]	Stallwinkel aus Analyse NACA	aS
8	5.000000	[m s-1]	Basis-Geschwindigkeit (Vunendlich)	vv
9	1000000	[-]	RE, Reynoldszahl	RE
0	18.434947	[°]	Pfeilungswinkel Tragflügel (bugseitig)	beta_b
1	1.500000	[-]	Schlankheitsgrad Tragflügel (Aspect Ratio)	AspR
2	0.003330	[m2]	Tragflügelflaeche lateral (radial)	A_LAT
3	0.006661	[m2]	Tragflügelflaeche benetzt (radial)	A_BEN
4	0.000375	[m2]	Tragflügelflaeche projeziert (axial)	A_PRJ
5	0.005399	[m]	x-Druckmittelpunkt auf Tragflügel (radial)Null=x0	PsX
6	0.032395	[m]	y-Druckmittelpunkt auf Tragflügel (radial)Null=y0	PsY
7	8.000000	[°]	Winkel der Anströmrichtung, Stallwinkel	aS
8	5.000000	[ms-1]	v-unendlich resultieren geg. Profilseele	vreu
9	-0.727500	[ms-1]	v-unendlich x-Komponente.	vxue
0	4.946791	[ms-1]	v-unendlich y-Komponente.	vyue
1	1.684000	[-]	Lift-Koeffi (aus Analyse NACA)	c_LIFT
2	0.019970	[-]	Form-Koeffi (aus Analyse NACA)	c_DRAG
3	0.004669	[-]	Reibungs-Koeffi (NACA)	c_FRIC
4	0.601787	[-]	induziert-wi-Koeffi (NACA)	c_INDU
5	0.297563	[m2s-1]	Zirkulation am Fluegel-Tip	vortty
6	69.965584	[N]	**Liftkraft**	K_LIFT
7	0.093341	[N]	Form-Wi-Kraft	K_DRAG
8	0.387975	[N]	Reib-Wi-Kraft	K_FRIC
9	25.002611	[N]	induzierte Wi-Kraft	K_INDU
0	25.483928	[N]	**totale Wi-Kraft**	K_SUMM
1	74.462162	**[N]**	**resultierende ManoeverierKraft**	**K_RES**
2	69.986588	[°]	Kraftrichtung(Manoever); Null = achteraus	gama_Kres
3	349.827920	**[W]**	**LiftLeistung**	**P_LIFT**
4	0.466706	[W]	Form-Wi-Leistung	P_DRAG
5	1.939877	[W]	Reib-Wi-Leistung	P_FRIC
6	125.013057	[W]	induzierte Wi-Leistung	P_INDU
7	127.419639	**[W]**	**totale Widerstands-Leistung**	**P_SUMM**
8	372.310809	**[W]**	**resultierende ManoeverierLeistung**	**P_RES**
9	69.986588	[°]	Leistungsrichtung(Manoever); Null = achteraus	gama_Pres

Diskussion der Berechnungsergebnisse

Betrachten wir nun drei Tabellen mit Berechnungsergebnissen mit dem Mittelschnittverfahren für eine Laborfinne mit der Spezifikation:

LABFin[t,mm],[d/t,%],[a/t,%],[b/t,%],[Profil],[Feature 1],..,[Feature n]

Ausgangspunkt ist eine standardisierte Laborfinne mit einer Profiltiefe von t=100 [mm] und einer Profilkontur NACA 0006. Die Dickenrücklage befindet sich bei 30% t; die Kontur ist ungekrümmt und symmetrisch. An dieser Finne soll nun eine Innovation, die die Fluid-Struktur-Wechselwirkung der Finne betrifft eine Donwsizing-Kampagne auslösen. Für die Strömungswirklichkeit im Betrieb sollen moderate Annahmen getroffen werden. Die Anströmgeschwindigkeit beträgt v_{ue} = 5 [m/s]. Für die Laborfinne mit der Spezifikation LABFin[100][6][120][60][NACA0006] ermitteln wir mit dem Programmsystem LABFin eine radiale Manövrierleistung von P_{Lift}=350 [W]. Unabhängig davon, ob der Surferin diese Lift-Leistung ausreicht, das gewünschte Manöver zu fahren oder nicht, befindet sich nun der gesetzte Wert für den Leistungsaustrag beim Manövrieren auf diesem Wert. Die axiale Widerstandsleistung, die maßgeblich zur Stabilisierung des Boards beiträgt ist in diesem Fall P_W=51[W]. Der resultierende Leistungsaustrag erfolgt unter einem Winkel von 82[°] achteraus.

Unter der Forderung (1) der Leistungsähnlichkeit, (2) der Annahme einer Innovation hinsichtlich der Fluid-Struktur-Wechselwirkung der Finne und mit (3) der Methode des anwendungs-orientierten Reverse Engineering führt eine Downsizing-Kampagne auf eine Finne mit dem Profil NACA8306 mit einer Profiltiefe von t=59 [mm] (DownSize 1). Mit den Auftriebsbeiwerten im Zustand(ϑ) des ursprünlichen Trag-flügels: $c_{L\vartheta}$ =0.58 und dem Zustand(Γ) des Zielsystems: $c_{L\Gamma}$=1.68 einen Skalenfaktor von: $(c_{L\vartheta}/c_{L\Gamma})^{1/2}$, so dass der signifikante Gestaltungsparameter t_Γ der Zielkonstruktion, geschrieben werden kann: $t_\Gamma = t_\vartheta \cdot (c_{L\vartheta}/c_{L\Gamma})^{1/2} = t_\vartheta \cdot 0.588$. Das ist eine beachtliche Verkleinerung der signifi-kanten Bauteilgeometrie. Die Laborfinne besitzt nun die Spezifikation:

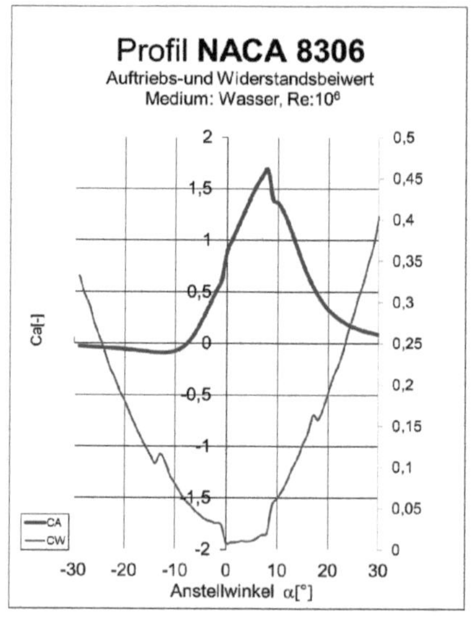

LABFin[59][6][120][60][NACA8306]. Es ist unmittelbar ersichtlich, dass es sich um eine konforme Variation der Startfinne handelt. Eine Krümmung von 8% sollte seitens des avisierten Form-änderungsphänomens an der flexiblen Finne nicht zu hoch gegriffen sein, so die Erwartung. Die radiale Manövrierleistung von P_{Lift}=350 [W] ist ja die Prämisse der Downsizing-kampagne und bleibt gleich, aber die kumulierten Verlustleistungen haben sich auf P_W=128[W] vergrößert. Damit wandert auch der Winkel des Leistungsaustrags um 12 Punkte auf 70[°] achteraus. Der maßgebliche Faktor ist unseren Erwartungen gemäß der induzierte Widerstand. Als ein guter Indikator erweist sich die Zirkulation um den Tragflügel-Tip, die sich im Fall der (positiven) Profilentwicklung nahezu verdoppelt. Das Randwirbelgeschehen ist die Währung, mit der wir für eine Innovation die auf das Auftriebsgebaren zielt, zahlen. Im Polarendiagramm betrachten wir noch einmal den Verlauf der Auftriebsbeiwerte. Das Profil NACA8306 liefert einen durchaus zufriedenstellenden Lift, der Stallwinkel ist aber mit einem Wert unterhalb der 10°-Grenze wenig vorteilhaft. NACA8306 ist immer noch ein sehr rankes Profil, das seine Vorteile auf dem Feld der Reibungs- und Druckwiderstände ausspielt. Es war in der laufenden Kampagne nicht zu ermitteln, welchen Motiven der namhafte Hersteller unserer Musterfinnen in Bezug auf die Profilauswahl folgt. Ich nehme an es sind in erster Linie fertigungstechnische Belange, die für die Profilserie NACAXY06 sprechen. Hier eigene Kriterien für eine zukünftige Kontursynthese zu entwickeln, sollte sich als nützliche Empfehlung erweisen. Im Diagramm unten sin noch einmal die Konturen der 06er Serie hinsichtlich ihrer Lift-Koeffizienten aufgetragen.

Der gesteckte gestalterische Rahmen ist aber grobmaschiger als gedacht, denn gleichzeitig wachsen dem Konstrukteur neue Freiheiten und Gestaltungsspielräume zu. Das (Steck-) Finnensystem behält natürlich den Standard-Plug des Herstellers bei; mit einer durch diesen Standard festgelegte Dicke von 7[mm]. Es sprechen einige gute Gründe dafür, angesichts der Tragflügelverkleinerung - wir finden eine Reduzierung der Profiltiefe auf etwa 60% des Ausgangswertes – eine

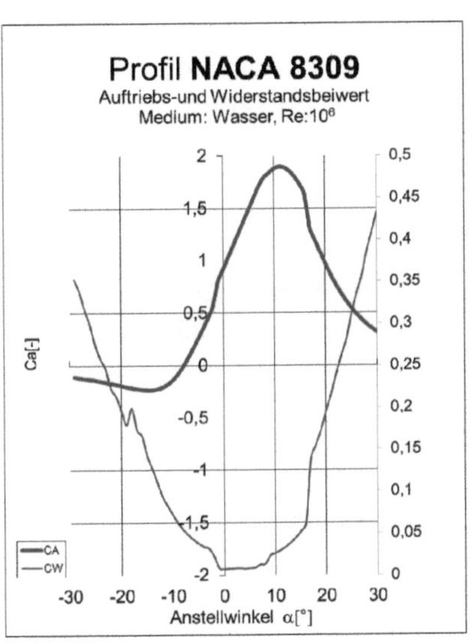

Profilrevision vorzunehmen, etwa im Sinne einer Variation der Konturdicke. In der oben dem Text vorangestellten Graphik wurde dieses gestalterische Potential als „Leistungsüberhöhung" benannt (DownSize 2).

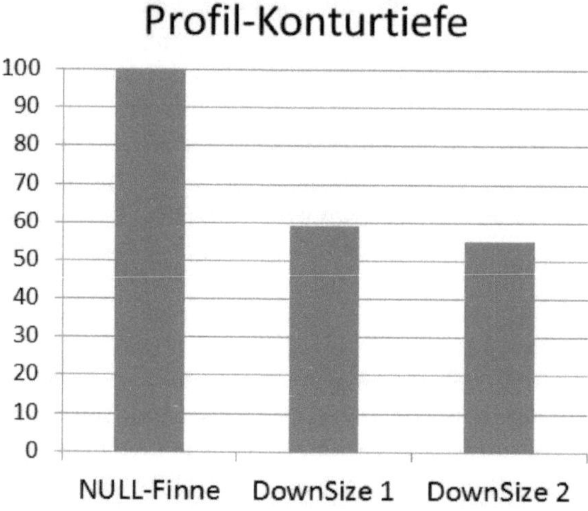

Mit Kentnis der Liftbeiwerte aus der Profilanalyse und einer Berechnungskampagne nach dem Mittelschnittverfahren, wenden wir erneut die Methode des Reverse Engineering auf die Standardfinne an. Sie hat nun die Spezifikation **LABFin[55][9][120][60][NACA8309]**. Es wird nun offenbar, dass es sich nicht mehr um eine einparametrische Variation der Startfinnengeometrie mit einer Krümmung von 8% handelt. Die Wölbungsrücklage ist für ein Standardprofil der 4-stelligen NACA-Serie festgelegt auf 30%, die ermittelte Konturdicke beträgt erfreuliche 9%. Die Profiltiefe kann - entsprechend der Downsizing-Regel der Methode Reverse Engineering - jetzt um einen weiteren Betrag auf t=55[mm] reduziert werden; das ist gut. Gleichzeitig wachsen bei Leistungsähnlichkeit (P_{Lift}=343 [W]) die Werte für die kumulierten Verlustleistungen auf P_W=140[W] und der Leistungsaustrag „weht aus" auf 68[°]. Die Wirkung der Effekte ist spürbar, aber die negativen Veränderungen sind keineswegs

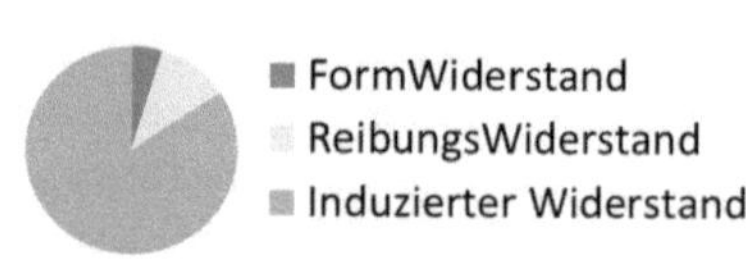

verheerend; im Gegenteil. Die Liftkurve bildet nicht gerade einen „Büffel" aus, das ist bei diesem immer noch sehr schlanken Profil auch nicht zu erwarten, aber der Stallwinkel läßt die 10°-Marke hinter sich. Der berechnete Auftriebsbeiwert liegt mit C_L=1.895 auf der guten Seite. Mit ansteigendem Lift werden die Kosten für den induzierten Widerstand relevant. Der relative Anteil des aus der Zirkulation um das Tragflügelende stammeden Widerstands am Gesamtwiderstand ist gewaltig. Für einen Konstrukteur leiten sich daraus deutlich Forderungen nach effizienten Maßnahmen zur Reduzierung der Zirkulation um den Randbogen der Surfboardfinne ab. Neben der Reduzierung des Bauvolumens der Finne ist dies vielleicht die bedeutsamste Botschaft dieser Downsizingkampagne. Die Eingriffsebene der Leistungsautragung des Tragflügels verschiebt sich infolge des Downsizings hin zur Flügelwurzel. Dies ist insbesondere vor dem Hintergrund bemerkenswert, dass „die Innovation" aus der Flexibilität der Finne stammt, und der Leistungsaustrag eine vertikale Komponente besitzen wird, die von der Größenordnung etwa im Bereich der avisierten

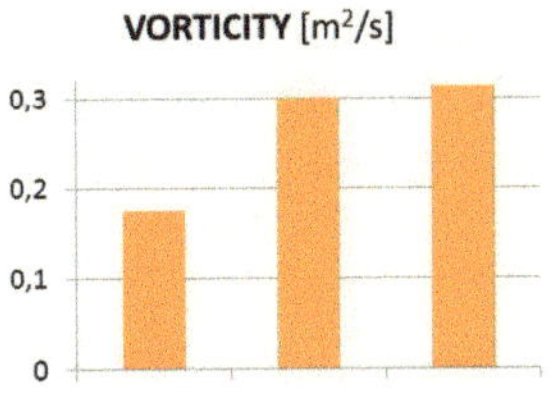

Krümmung (5%..8%) angesiedelt ist. Derartige Effekte sind derzeit mit Mono-Finnen vom Stand der Technik nicht erreichbar, weswegen eine Finnenbatterie für viele leistungsorientirte Surfer eine Option ist.

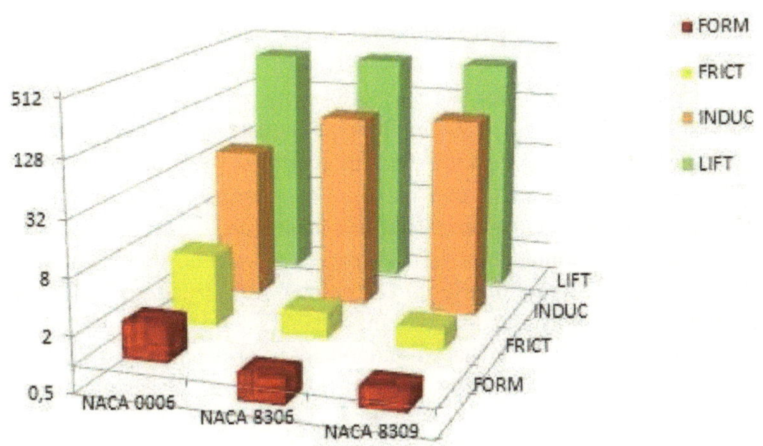

Wie alle anderen Kraftkomponenten sind die partiellen Widerstände (Faktor v^2) exponentiell von der Geschwindigkeit im Betrieb abhängig. Neben der enormen radialen Manöverleistung (Faktor v^3) einer durch „die Innovation" konditionierten Finne nimmt der achteraus wirkende, axiale Anteil der Widerstandskraft exponentiell zu. Dieser axiale Anteil kann zur Stabilisierung des Seefahrzeugs respektive Surfboards genutzt werden. Eine Option und Alternative stellt auch hier das Drei- oder Vier-Finnenarangement dar, das mit paarweise nichtsymmetrischen Tragflügeln arbeitet. Manche Hersteller „fahren" die Aussentragflügel einer Finnenbatterie bewußt in den Stallbereich, wahrscheinlich um stabile Lenkmanöver zu provozieren. Da wir hier alle keine Surfer sind, stell sich uns die Frage, ob das genau dann einen Vorteil darstellen mag, wenn Energie im Überschuss vorhanden ist. In der belebten Natur, beim Gradientenflug der Albatrosse etwa, ist dies der Fall und ein an den Umkehrpunkten der Flugbahn über den Widerstand provozierter Effefekt am Werk. Da wir aber auch keine Albatrosse sind, werden wir diesen Analogie-schluß wohl noch ein wenig aufschieben und stattdessen mit den professionellen Surfern reden müssen. Und genau darauf freue ich mich.

Wagen wir ein vorläufiges Fazit: Downsizing als Gestaltungsaufgabe gelingt mit dem anwendungsorientierten Verfahren „Reverse Engineering" gut. Die theoretische Vorbereitung auf eine Downsizing-Kampagne über die Ähnlichkeitstheorie ist zwar aus wissenschaftlicher Sicht interessant und lobenswert, aber ohne gestalterischen Mehrwert. Die zu Analyse eingesetzten numerischen Berechnungsinstrumente (LABFin), sowie der Standard für die Laborfinne **LABFin** sind für erste systematische Analysen ausreichend ausentwickelt und sie sind neutral neutral gegenüber der zur Anwendung kommenden Theorie und Methode des Downsizings. Das Indikator-Konzept der „Manövrierleistung" hat sich, zumindest als theoretische Zuarbeit in der der frühen Phase der industriellen Produktentwicklung, als bestens geeignet gezeigt. Bei Leistungsähnlichkeit werden mit der Reduktion der geometrischen Gestaltungsparameter auch die (vom Lateralplan abhängigen) Friktionseffekte deutlich verringert und das Bauvolumen sinkt. Sind die Tragflügel wenig schlank, ist die Zirkulation um die Tragflügelkante vergleichsweise groß. Das hat Einfluß auf den auftrieb-bedingten, induzierten Widerstand; dieser nimmt etwa 75% des Gesamt-widerstands ein. Im Downsizing verstärkt sich dieses Phänomen, weil sich aus physikalischen Ursachen die Zirkulation nahezu verdoppelt. In der Summe aber überwiegen die positiven Effekte des Downsizing.

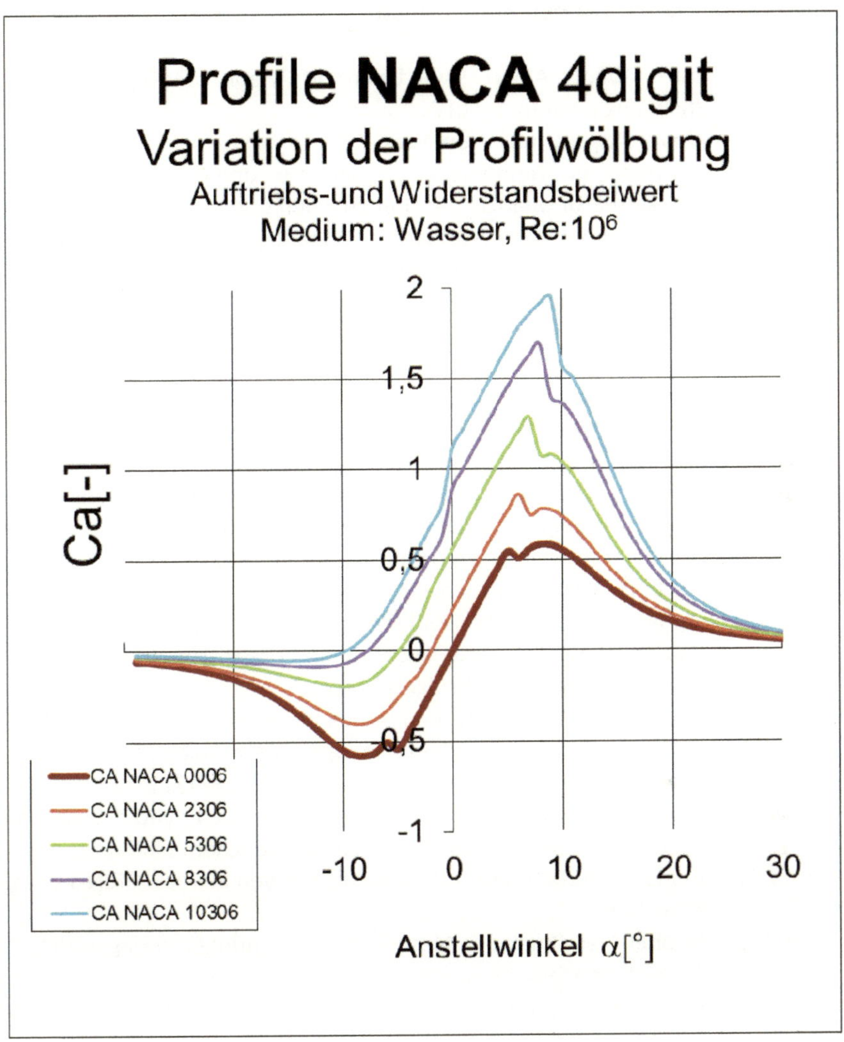
Profile NACA 4digit
Variation der Profilwölbung
Auftriebs-und Widerstandsbeiwert
Medium: Wasser, Re:10⁶
Ca[-]
2
1,5
1
0,5
0
0,5
-1
-10
0
10
20
30
Anstellwinkel α[°]
CA NACA 0006
CA NACA 2306
CA NACA 5306
CA NACA 8306
CA NACA 10306

Bibliographie und weiterführende Literatur

[Abbo-59]   Ira H. Abbott, Albert E. von Doenhoff: Theory of Wing Sections: Including a Summary of Airfoil Data. Dover Publications, New York 1959.

[BaNe-98]   Barthlott, W.; Neinhuis, C.: Lotusblumen und Autolacke – Ultrastruktur pflanzlicher Grenzflächen und biomimetische unverschmutzbare Werkstoffe. Biona Report 12, Schriftenreihe der Wissenschaften und der Literatur, Mainz. Gustav Fischer-Verlag, Stuttgart 1998.

[Bann-02]   Bannasch, Rudolph. Vorbild Natur. In: design report 9/02, S.20ff. Blue. C Verlag Stuttgart: 2002.

[Bapp-99]   Bappert, R. Bionik, Zukunftstechnik lernt von der Natur. SiemensForum München/Berlin und Landesmuseum für Technik und Arbeit in Mannheim (Herausgeber): 1999

[Bech-93]   Bechert, D.W.: Verminderung des Strömungswiderstandes durch bionische Oberflächen. In: VDI-Technologieanalyse Bionik, S. 74 – 77. VDI-Technologiezentrum Düsseldorf 1993.

[Bech-97]   Bechert, D.W., Biological Surfaces and their Technological Application. 28th AIAA Fluid Dynamics Conference: 1997

[Cal-84]   Calder, W.A. (1984) Size, Function and Life History. Harvard University Press. Cambridge 431pp.

[Die13-3]   Dienst, Mi.(2013) Reihenuntersuchung zu Profilkonturen für Leit- und Steuerflächen von Seefahrzeugen. Datenreihe ERpL2050. GRIN-Verlag GmbH München, ISBN 978-3-656-47215-5

[Die11-4]   Dienst, Mi.(2011) Methoden in der Bionik. Die Reynoldsbasierte Fluidische Fitness. GRIN-Verlag GmbH München.

[Die09-4]   Dienst, Mi.(2009) Physical Modelling driven Bionics. GRIN-Verlag München.

[DUB-95]   Dubbel, Handbuch des Maschinenbaus, Springer Verlag Berlin, 15.Auflage 1995.

[Eppl-90]   Richard Eppler: Airfoil Design and Data. Springer, Berlin, New York 1990.

[Fli-02]   Flindt, R. (2002) Biologie in Zahlen Berlin: Spektrum Akademischer Verl.

[Fren-94]   French, M.: Invention and Evolution: design in nature and engineering. Cambridge University Press. Cambridge 1994.

[Fren-99]   French, M.: Conceptual Design for Engineers. Berlin, Heidelberg, New York, London, Paris, Tokio: Springer: 1999

[Gel-10]   Produktinformation, 05 2010, GELITA 69412 Eberbach. www.gelita.com

[Guen-98]   Günther, B., Morgado, E. (1998) Dimensional analysis and allometric equations concerning Cope's rule. Revista Chilena de Historia Natural 71: 331-335, 1989

[Gör-75]   Görtler, H. Diemensionsanalyse. Berlin Springer 1975

[Gorr-17]   Edgar Gorrell, S. Martin: Aerofoils and Aerofoil Structural Combinations. In: NACA Technical Report. Nr. 18, 1917.

[Guen-66]   Günther, B., Leon, B. (1966) Theorie of biological Similarities, nondimensional Parameters and invariant Numbers. Bulletin of Mathematical Biophysics Volume 28, 1966.

[Gutm-89]   Gutmann, W.: Die Evolution hydraulischer Konstruktionen. Verlag W. Kramer: Frankfurt am Main, 1989.

[Hüt-07]   Hütte, 2007, 33. Auflage, Springer Verlag. S.E147

[Hux-32]   Huxley, J.S. (1932) Problems of relative Growth. London: Methuen.

[Katz-01]   Joseph Katz, Allen Plotkin: Low-Speed Aerodynamics (Cambridge Aerospace Series) Cambridge University Press; 2 edition (2001)

[Liao-03]   Liao, J.C.; Beal, D.; Lauder, G.; Triantayllou, M. Fish Exploting Vortices Decrease Muscle Activty. In: Science 2003, S. 1566-1569. AAAS. 2003.

[Matt-97]   Mattheck, C.: Design in der Natur. Rombach Verlag. Freiburg 1997.

[Mial-05]   B. Mialon, M. Hepperle: "Flying Wing Aerodynamics Studies at ONERA and DLR", CEAS/KATnet Conference on Key Aerodynamic Technologies, 20.-22. Juni 2005, Bremen.

[Nac-01]   Nachtigall, W. (2001) Biomechanik. Braunschweig: Vieweg Verlag.

[Nach-98]   Nachtigall, W. : Bionik – Grundlagen und Beispiele für Ingenieure und Naturwissenschaftler. Springer-Verlag, Berlin-Heidelberg-New York 1998.

[Nach-00]   Nachtigall, Werner; Blüchel, Kurt. Das große Buch der Bionik. Stuttgart: Deutsche Verlags Anstalt: 2000.

[PaBe-93]   Pahl. G.; Beitz, W.: Konstruktionslehre, 3.Auflage. Berlin-Heidelberg-New York-London-Paris-Tokio: Springer 1993

[Pflu-96]   Pflumm, W. (1996) Biologie der Säugetiere. Berlin: Blackwell Wissenschaftsverlag.

[Rech-94]   Rechenberg, Ingo. Evolutionsstrategie'94. Frommann-Holzoog
             Verlag. Stuttgart: 1994.

[Schü-02]   Schütt, P., Schuck, H-J., Stimm, B. (2002) Lexikon der Baum- und
             Straucharten. Nikol, Hamburg, ISBN 3-933203-53-8

[Tho-59]   Thompson, D'Arcy, W. (1959) On Growth and Form. London:
             Cambridge University Press. (Neuauflage der Originalschrift 1907)

[Tho-92]   Thompson, D W., (1992). *On Growth and Form*. Dover reprint of
             1942 2nd ed. (1st ed., 1917). ISBN 0-486-67135-6

[Tria-95]   Triantafyllou, M.: Effizienter Flossenantrieb für Schwimmroboter.
             In: Spektrum der Wissenschaft 08-1995, S. 66–73. Spektrum der
             Wissenschaft- Verlagsgesellschaft mbH, Heidelberg 1995.

[Zie - 72]   Zierep, J. (1972) Ähnlichkeitsgesetze und Modellregeln der
             Strömungslehre.

[W-1]   http://de.wikipedia.org/wiki/Profil (abgerufen 04042016)

[W-2]   The Airfoil Investigation Database,
             http://www.worldofkrauss.com/foils/578 (abgerufen 04042016)

[W-3]   UIUC Airfoil Coordinates Database, (abgerufen 04042016)
             http://www.ae.illinois.edu/m-selig/ads/coord_database.html

NACA 0006   Re 1000000   Wasser

x/l	y/l	v/V	δ_1	δ_2	δ_3	Reδ_2	C_f	H_12	H_32	Zust.	y1
[-]	[-]	[-]	[-]	[-]	[-]	[-]	[-]	[-]	[-]	[-]	[%]
1,0000	0,0000	0,0838	0,010795	0,002857	0,005641	24,0	0,0000	3,7791	1,9749	abgel.	0,0000
0,9973	0,0002	0,8673	0,010795	0,002857	0,005641	247,8	0,0000	3,7791	1,9749	turb.	0,0000
0,9891	0,0008	0,9292	0,006031	0,002981	0,004650	282,2	0,0019	2,0234	1,5601	turb.	0,0323
0,9755	0,0017	0,9469	0,005310	0,002733	0,004306	264,0	0,0022	1,9432	1,5758	turb.	0,0302
0,9568	0,0030	0,9662	0,004960	0,002557	0,004032	250,6	0,0022	1,9398	1,5766	turb.	0,0299
0,9330	0,0046	0,9801	0,004895	0,002440	0,003816	241,3	0,0020	2,0058	1,5638	turb.	0,0313
0,9045	0,0064	0,9889	0,004983	0,002334	0,003597	232,6	0,0017	2,1348	1,5412	turb.	0,0343
0,8716	0,0084	0,9964	0,008372	0,002235	0,003390	224,4	0,0002	3,7452	1,5164	lam.	0,0988
0,8346	0,0106	1,0039	0,006246	0,002087	0,003214	211,9	0,0012	2,9930	1,5400	lam.	0,0415
0,7939	0,0130	1,0155	0,006314	0,002034	0,003120	207,1	0,0010	3,1043	1,5340	lam.	0,0450
0,7500	0,0153	1,0184	0,005634	0,001923	0,002969	197,5	0,0014	2,9302	1,5439	lam.	0,0382
0,7034	0,0177	1,0270	0,005524	0,001851	0,002852	190,9	0,0013	2,9841	1,5405	lam.	0,0391
0,6545	0,0200	1,0313	0,004839	0,001726	0,002681	179,7	0,0018	2,8038	1,5532	lam.	0,0331
0,6040	0,0223	1,0414	0,004792	0,001656	0,002561	173,0	0,0017	2,8935	1,5464	lam.	0,0347
0,5523	0,0243	1,0445	0,004231	0,001534	0,002388	161,7	0,0022	2,7587	1,5569	lam.	0,0304
0,5000	0,0262	1,0544	0,003933	0,001436	0,002239	152,3	0,0024	2,7377	1,5588	lam.	0,0291
0,4477	0,0277	1,0601	0,003764	0,001349	0,002097	143,6	0,0023	2,7901	1,5543	lam.	0,0293
0,3960	0,0288	1,0643	0,003278	0,001227	0,001919	131,8	0,0030	2,6728	1,5647	lam.	0,0258
0,3455	0,0296	1,0744	0,003026	0,001129	0,001766	121,8	0,0032	2,6793	1,5641	lam.	0,0250
0,2966	0,0298	1,0783	0,002753	0,001028	0,001607	111,3	0,0035	2,6790	1,5641	lam.	0,0239
0,2500	0,0295	1,0833	0,002408	0,000917	0,001438	99,9	0,0042	2,6267	1,5691	lam.	0,0218
0,2061	0,0287	1,0898	0,002156	0,000818	0,001283	89,4	0,0047	2,6355	1,5682	lam.	0,0207
0,1654	0,0273	1,0925	0,001873	0,000711	0,001115	78,0	0,0053	2,6341	1,5683	lam.	0,0193
0,1284	0,0254	1,0965	0,001521	0,000597	0,000941	65,8	0,0071	2,5496	1,5774	lam.	0,0168
0,0955	0,0230	1,1020	0,001326	0,000506	0,000794	55,4	0,0077	2,6212	1,5696	lam.	0,0162
0,0670	0,0200	1,0955	0,000965	0,000385	0,000610	42,4	0,0118	2,5037	1,5830	lam.	0,0130
0,0432	0,0167	1,1006	0,000727	0,000289	0,000458	31,2	0,0159	2,5111	1,5821	lam.	0,0112
0,0245	0,0129	1,0790	0,000425	0,000181	0,000290	19,1	0,0322	2,3488	1,6034	lam.	0,0079
0,0109	0,0089	1,0531	0,000205	0,000092	0,000149	5,3	0,1355	2,2352	1,6202	lam.	0,0038
0,0027	0,0046	0,9044	0,000158	0,000070	0,000114	0,7	0,0001	2,2364	1,6200	lam.	0,1414
0,0000	0,0000	0,0000	0,000001	0,000000	0,000001	0,0	0,0000	2,2364	1,6200	lam.	0,0000
0,0027	-0,0046	0,9044	0,000158	0,000070	0,000114	0,7	0,0001	2,2364	1,6200	lam.	0,1414
0,0109	-0,0089	1,0531	0,000205	0,000092	0,000149	5,3	0,1355	2,2352	1,6202	lam.	0,0038
0,0245	-0,0129	1,0790	0,000425	0,000181	0,000290	19,1	0,0322	2,3488	1,6034	lam.	0,0079
0,0432	-0,0167	1,1006	0,000727	0,000289	0,000458	31,2	0,0159	2,5111	1,5821	lam.	0,0112
0,0670	-0,0200	1,0955	0,000965	0,000385	0,000610	42,4	0,0118	2,5037	1,5830	lam.	0,0130
0,0955	-0,0230	1,1020	0,001326	0,000506	0,000794	55,4	0,0077	2,6212	1,5696	lam.	0,0162
0,1284	-0,0254	1,0965	0,001521	0,000597	0,000941	65,8	0,0071	2,5496	1,5774	lam.	0,0168
0,1654	-0,0273	1,0925	0,001873	0,000711	0,001115	78,0	0,0053	2,6341	1,5683	lam.	0,0193
0,2061	-0,0287	1,0898	0,002156	0,000818	0,001283	89,4	0,0047	2,6355	1,5682	lam.	0,0207
0,2500	-0,0295	1,0833	0,002408	0,000917	0,001438	99,9	0,0042	2,6267	1,5691	Zust.	0,0218
0,2966	-0,0298	1,0783	0,002753	0,001028	0,001607	111,3	0,0035	2,6790	1,5641	lam.	0,0239
0,3455	-0,0296	1,0744	0,003026	0,001129	0,001766	121,8	0,0032	2,6793	1,5641	lam.	0,0250
0,3960	-0,0288	1,0643	0,003278	0,001227	0,001919	131,8	0,0030	2,6728	1,5647	lam.	0,0258
0,4477	-0,0277	1,0601	0,003764	0,001349	0,002097	143,6	0,0023	2,7901	1,5543	lam.	0,0293
0,5000	-0,0262	1,0544	0,003933	0,001436	0,002239	152,3	0,0024	2,7377	1,5588	lam.	0,0291
0,5523	-0,0243	1,0445	0,004231	0,001534	0,002388	161,7	0,0022	2,7587	1,5569	lam.	0,0304
0,6040	-0,0223	1,0414	0,004792	0,001656	0,002561	173,0	0,0017	2,8935	1,5464	lam.	0,0347
0,6545	-0,0200	1,0313	0,004839	0,001726	0,002681	179,7	0,0018	2,8038	1,5532	lam.	0,0331
0,7034	-0,0177	1,0270	0,005524	0,001851	0,002852	190,9	0,0013	2,9841	1,5405	lam.	0,0391
0,7500	-0,0153	1,0184	0,005634	0,001923	0,002969	197,5	0,0014	2,9302	1,5439	lam.	0,0382
0,7939	-0,0130	1,0155	0,006314	0,002034	0,003120	207,1	0,0010	3,1043	1,5340	lam.	0,0450
0,8346	-0,0106	1,0039	0,006246	0,002087	0,003214	211,9	0,0012	2,9930	1,5400	lam.	0,0415
0,8716	-0,0084	0,9964	0,008372	0,002235	0,003390	224,4	0,0002	3,7452	1,5164	lam.	0,0988
0,9045	-0,0064	0,9889	0,004983	0,002334	0,003597	232,6	0,0017	2,1348	1,5412	turb.	0,0343

0,9330	-0,0046	0,9801	0,004895	0,002440	0,003816	241,3	0,0020	2,0058	1,5638	turb.	0,0313
0,9568	-0,0030	0,9662	0,004960	0,002557	0,004032	250,6	0,0022	1,9398	1,5766	turb.	0,0299
0,9755	-0,0017	0,9469	0,005310	0,002733	0,004306	264,0	0,0022	1,9432	1,5758	turb.	0,0302
0,9891	-0,0008	0,9292	0,006031	0,002981	0,004650	282,2	0,0019	2,0234	1,5601	turb.	0,0323
0,9973	-0,0002	0,8673	0,010795	0,002857	0,005641	247,8	0,0000	3,7791	1,9749	turb.	0,0000
1,0000	0,0000	0,0838	0,010795	0,002857	0,005641	24,0	0,0000	3,7791	1,9749	abgel.	0,0000

α	Ca	Cw	Cm 0.25		T.U.	T.L.	S.U.	S.L.	GZ	N.P.	D.P.
[°]	[-]	[-]	[-]	[-]	[-]	[-]	[-]	[-]	[-]	[-]	
-29,0	-0,057	0,37586	0,008		0,996	0,003	1,000	0,024	-0,152	0,215	0,392
-28,0	-0,063	0,34719	0,008		0,996	0,003	1,000	0,023	-0,181	0,219	0,376
-27,0	-0,069	0,33173	0,008		0,996	0,003	1,000	0,024	-0,209	0,222	0,362
-26,0	-0,077	0,31185	0,008		0,995	0,003	1,000	0,023	-0,246	0,222	0,348
-25,0	-0,085	0,28224	0,007		0,995	0,002	1,000	0,023	-0,302	0,225	0,336
-24,0	-0,095	0,26272	0,007		0,995	0,002	1,000	0,023	-0,362	0,229	0,324
-23,0	-0,107	0,24683	0,007		0,995	0,002	1,000	0,023	-0,433	0,230	0,314
-22,0	-0,120	0,22597	0,007		0,994	0,002	1,000	0,022	-0,532	0,233	0,305
-21,0	-0,136	0,21185	0,006		0,994	0,002	1,000	0,022	-0,643	0,234	0,297
-20,0	-0,155	0,19186	0,006		0,993	0,002	0,997	0,022	-0,806	0,236	0,289
-19,0	-0,177	0,17876	0,006		0,993	0,002	0,997	0,021	-0,987	0,238	0,283
-18,0	-0,202	0,16134	0,005		0,992	0,002	0,997	0,020	-1,253	0,239	0,277
-17,0	-0,232	0,14945	0,005		0,992	0,002	0,996	0,020	-1,555	0,239	0,272
-16,0	-0,268	0,13439	0,005		0,992	0,002	0,997	0,017	-1,991	0,240	0,268
-15,0	-0,308	0,12249	0,004		0,992	0,002	0,997	0,016	-2,517	0,240	0,264
-14,0	-0,354	0,13156	0,004		0,992	0,001	0,995	0,011	-2,692	0,241	0,261
-13,0	-0,405	0,11565	0,004		0,991	0,001	0,995	0,010	-3,501	0,244	0,259
-12,0	-0,458	0,10019	0,003		0,991	0,001	0,995	0,009	-4,570	0,244	0,257
-11,0	-0,509	0,08684	0,003		0,990	0,001	0,995	0,008	-5,860	0,243	0,256
-10,0	-0,552	0,07448	0,003		0,987	0,001	0,995	0,008	-7,410	0,243	0,255
-9,0	-0,579	0,06286	0,002		0,981	0,002	0,996	0,008	-9,212	0,232	0,254
-8,0	-0,583	0,05329	0,002		0,976	0,003	0,997	0,007	-10,943	0,281	0,254
-7,0	-0,561	0,04576	0,002		0,969	0,004	1,000	0,007	-12,260	0,255	0,253
-6,0	-0,508	0,04005	0,002		0,963	0,004	1,000	0,009	-12,677	0,144	0,253
-5,0	-0,545	0,00862	0,004		0,957	0,005	1,000	0,998	-63,228	0,231	0,256
-4,0	-0,446	0,00801	0,003		0,945	0,006	1,000	0,998	-55,686	0,257	0,256
-3,0	-0,339	0,00744	0,002		0,931	0,009	1,000	0,999	-45,583	0,256	0,256
-2,0	-0,228	0,00466	0,001		0,888	0,521	1,000	0,999	-48,925	0,256	0,256
-1,0	-0,114	0,00427	0,001		0,828	0,641	1,000	0,999	-26,758	0,256	0,256
0,0	0,000	0,00374	-0,000		0,801	0,801	1,000	0,999	0,000	0,256	0,250
1,0	0,114	0,00427	-0,001		0,641	0,828	1,000	0,999	26,766	0,256	0,256
2,0	0,228	0,00466	-0,001		0,521	0,888	1,000	0,998	48,938	0,256	0,256
3,0	0,339	0,00744	-0,002		0,009	0,931	1,000	0,998	45,597	0,256	0,256
4,0	0,446	0,00801	-0,003		0,006	0,945	1,000	0,998	55,703	0,257	0,256
5,0	0,545	0,00862	-0,004		0,005	0,957	1,000	0,998	63,249	0,231	0,256
6,0	0,508	0,04005	-0,002		0,004	0,963	0,009	0,998	12,677	0,143	0,253
7,0	0,561	0,04576	-0,002		0,004	0,969	0,007	0,998	12,260	0,255	0,253

8,0	0,583	0,05329	-0,002	0,003	0,976	0,007	0,997	10,943	0,281	0,254
9,0	0,579	0,06286	-0,002	0,002	0,981	0,008	0,996	9,212	0,232	0,254
10,0	0,552	0,07448	-0,003	0,001	0,987	0,008	0,995	7,410	0,243	0,255
11,0	0,509	0,08684	-0,003	0,001	0,990	0,008	0,995	5,860	0,243	0,256
12,0	0,458	0,10019	-0,003	0,001	0,991	0,009	0,995	4,570	0,244	0,257
13,0	0,405	0,11565	-0,004	0,001	0,991	0,010	0,995	3,501	0,244	0,259
14,0	0,354	0,13156	-0,004	0,001	0,992	0,011	0,995	2,692	0,241	0,261
15,0	0,308	0,12249	-0,004	0,002	0,992	0,016	0,997	2,517	0,240	0,264
16,0	0,268	0,13439	-0,005	0,002	0,992	0,017	0,997	1,991	0,240	0,268
17,0	0,232	0,14945	-0,005	0,002	0,992	0,020	0,996	1,555	0,239	0,272
18,0	0,202	0,16134	-0,005	0,002	0,992	0,020	0,997	1,253	0,239	0,277
19,0	0,177	0,17876	-0,006	0,002	0,993	0,021	0,997	0,987	0,238	0,283
20,0	0,155	0,19186	-0,006	0,002	0,993	0,022	0,997	0,806	0,236	0,289
21,0	0,136	0,21185	-0,006	0,002	0,994	0,022	0,997	0,643	0,234	0,297
22,0	0,120	0,22597	-0,007	0,002	0,994	0,022	0,998	0,532	0,233	0,305
23,0	0,107	0,24683	-0,007	0,002	0,995	0,023	0,998	0,433	0,230	0,314
24,0	0,095	0,26272	-0,007	0,002	0,995	0,023	0,998	0,362	0,229	0,324
25,0	0,085	0,28224	-0,007	0,002	0,995	0,023	0,997	0,302	0,225	0,336
26,0	0,077	0,31185	-0,008	0,003	0,995	0,023	0,998	0,246	0,222	0,348
27,0	0,069	0,33173	-0,008	0,003	0,996	0,024	0,997	0,209	0,222	0,362
28,0	0,063	0,34719	-0,008	0,003	0,996	0,023	0,997	0,181	0,219	0,376
29,0	0,057	0,37586	-0,008	0,003	0,996	0,024	0,997	0,152	0,215	0,392
30,0	0,052	0,39729	-0,008	0,003	0,996	0,024	0,998	0,131	0,215	0,409

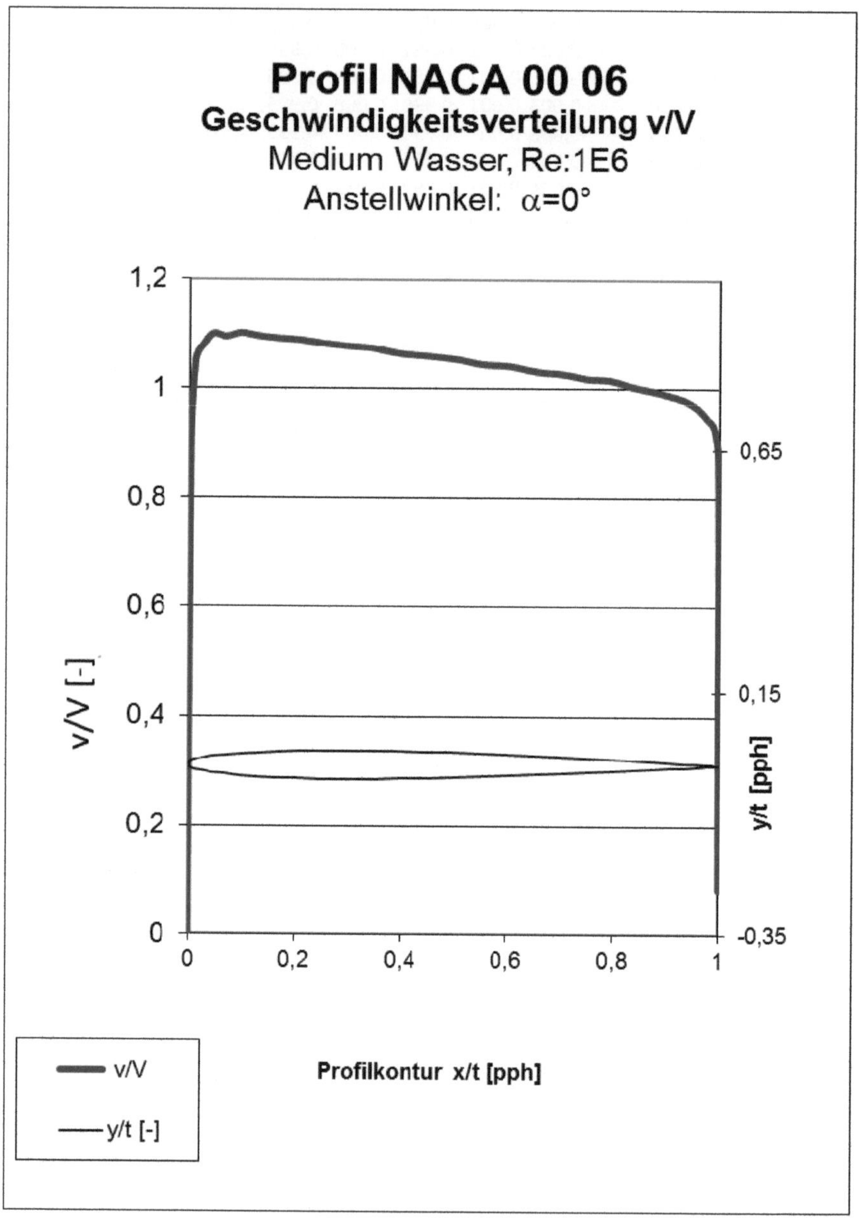
Profil NACA 00 06
Geschwindigkeitsverteilung v/V
Medium Wasser, Re:1E6
Anstellwinkel: α=0°
v/V [-]
1,2
1
0,8
0,6
0,4
0,2
0
0,65
0,15
-0,35
y/t [pph]
0
0,2
0,4
0,6
0,8
1
v/V
y/t [-]
Profilkontur x/t [pph]

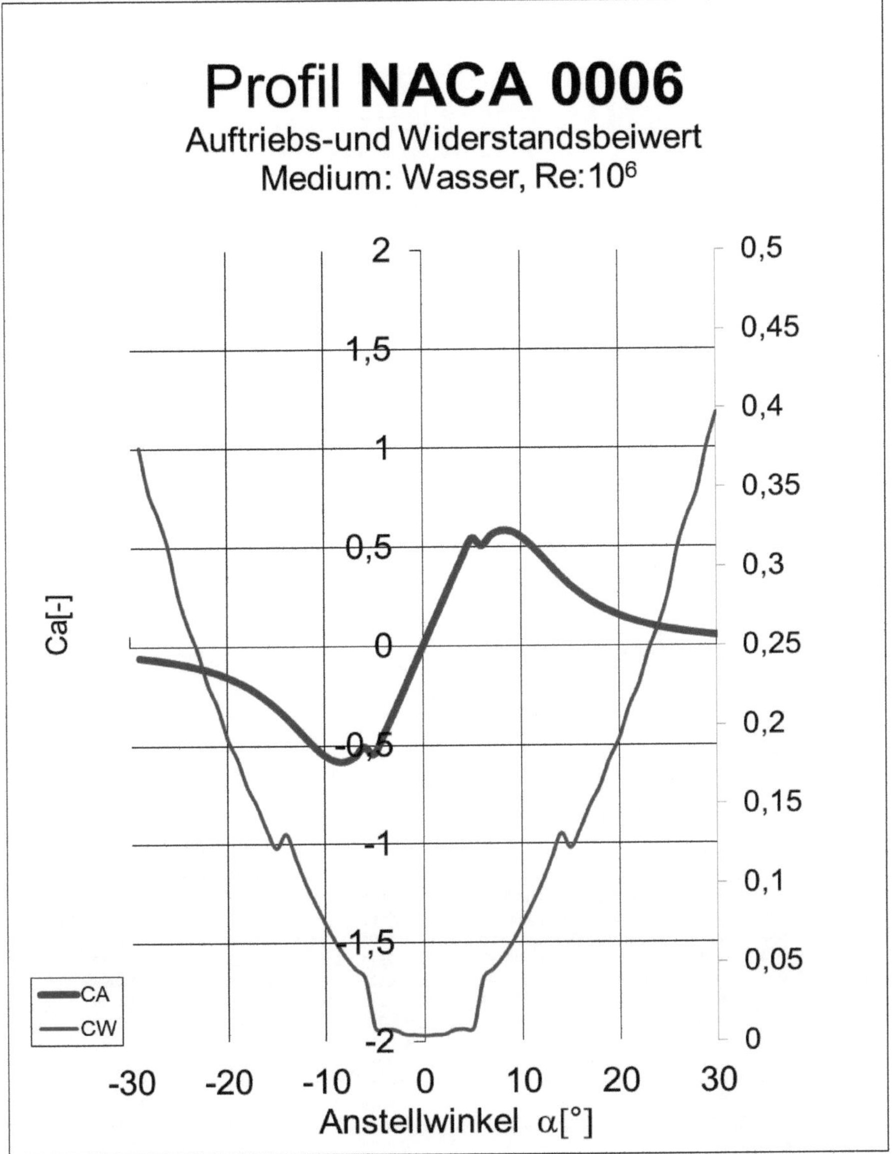
Profil NACA 0006
Auftriebs-und Widerstandsbeiwert
Medium: Wasser, Re:10⁶
Ca[-]
Anstellwinkel α[°]
CA
CW

NACA 2306   Re 1000000   Wasser

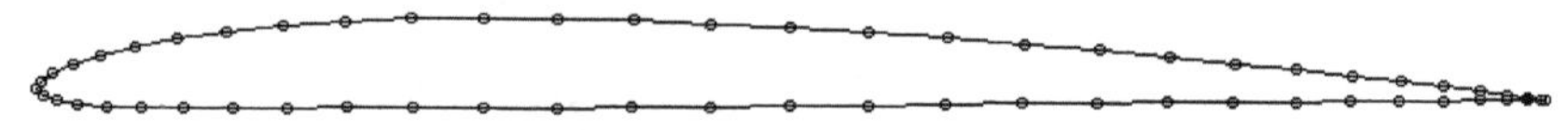

x/l	y/l	v/V	δ_1	δ_2	δ_3	Reδ_2	C_f	H_12	H_32	Zust.	y1
[-]	[-]	[-]	[-]	[-]	[-]	[-]	[-]	[-]	[-]	[-]	[%]
1,0000	0,0000	0,0597	0,012211	0,003258	0,006600	19,4	0,0000	3,7479	2,0257	abgel.	0,0000
0,9973	0,0003	0,8340	0,012211	0,003258	0,006600	271,7	0,0000	3,7479	2,0257	turb.	0,0000
0,9892	0,0014	0,9352	0,006667	0,003417	0,005378	328,8	0,0021	1,9511	1,5739	turb.	0,0311
0,9757	0,0031	0,9630	0,005749	0,003099	0,004942	305,3	0,0024	1,8549	1,5946	turb.	0,0287
0,9570	0,0054	0,9851	0,005321	0,002899	0,004636	289,8	0,0025	1,8353	1,5991	turb.	0,0281
0,9333	0,0082	1,0001	0,004858	0,002668	0,004275	271,6	0,0026	1,8209	1,6025	turb.	0,0276
0,9049	0,0115	1,0181	0,004704	0,002518	0,004009	259,2	0,0025	1,8680	1,5918	turb.	0,0284
0,8720	0,0151	1,0294	0,004510	0,002337	0,003690	244,0	0,0023	1,9299	1,5787	turb.	0,0296
0,8351	0,0190	1,0441	0,004611	0,002213	0,003429	233,1	0,0018	2,0839	1,5497	turb.	0,0330
0,7944	0,0230	1,0536	0,004756	0,002069	0,003138	220,7	0,0014	2,2983	1,5166	turb.	0,0384
0,7506	0,0271	1,0666	0,006443	0,001950	0,002975	210,0	0,0007	3,3051	1,5259	lam.	0,0542
0,7040	0,0311	1,0771	0,006031	0,001855	0,002833	201,3	0,0008	3,2521	1,5277	lam.	0,0505
0,6551	0,0349	1,0855	0,005259	0,001732	0,002663	190,0	0,0012	3,0366	1,5375	lam.	0,0407
0,6045	0,0385	1,0969	0,004933	0,001633	0,002512	180,5	0,0013	3,0210	1,5384	lam.	0,0392
0,5528	0,0417	1,1055	0,004547	0,001526	0,002352	170,2	0,0015	2,9791	1,5408	lam.	0,0368
0,5004	0,0445	1,1156	0,004147	0,001414	0,002183	159,3	0,0017	2,9331	1,5437	lam.	0,0344
0,4481	0,0468	1,1264	0,003767	0,001299	0,002008	147,8	0,0019	2,8999	1,5460	lam.	0,0323
0,3963	0,0485	1,1378	0,003529	0,001193	0,001840	137,0	0,0019	2,9579	1,5421	lam.	0,0325
0,3456	0,0495	1,1486	0,002944	0,001052	0,001634	122,7	0,0027	2,7987	1,5535	lam.	0,0273
0,2966	0,0498	1,1663	0,002339	0,000910	0,001433	107,6	0,0042	2,5716	1,5748	lam.	0,0218
0,2493	0,0490	1,1830	0,002105	0,000817	0,001285	96,4	0,0047	2,5779	1,5741	lam.	0,0207
0,2049	0,0467	1,1812	0,001777	0,000712	0,001127	84,1	0,0060	2,4978	1,5837	lam.	0,0183
0,1638	0,0433	1,1812	0,001568	0,000626	0,000992	73,2	0,0068	2,5024	1,5831	lam.	0,0171
0,1265	0,0388	1,1680	0,001326	0,000533	0,000846	61,5	0,0083	2,4861	1,5851	lam.	0,0155
0,0934	0,0336	1,1538	0,001079	0,000440	0,000700	49,9	0,0108	2,4495	1,5898	lam.	0,0136
0,0649	0,0279	1,1332	0,000869	0,000354	0,000562	38,8	0,0137	2,4576	1,5888	lam.	0,0121
0,0413	0,0219	1,0976	0,000612	0,000258	0,000412	27,3	0,0217	2,3771	1,5995	lam.	0,0096
0,0229	0,0160	1,0565	0,000383	0,000168	0,000270	16,2	0,0416	2,2824	1,6130	lam.	0,0069
0,0098	0,0102	0,9584	0,000225	0,000101	0,000163	7,3	0,0971	2,2405	1,6193	lam.	0,0045
0,0021	0,0049	0,7242	0,000086	0,000038	0,000062	1,3	0,0001	2,2364	1,6200	lam.	0,1414
0,0000	0,0000	0,2888	0,000001	0,000000	0,000001	0,0	0,0000	2,2364	1,6200	lam.	0,0000
0,0033	-0,0042	1,0801	0,000081	0,000036	0,000059	1,4	0,0001	2,2364	1,6200	lam.	0,1414
0,0121	-0,0074	1,1221	0,000204	0,000091	0,000147	7,8	0,0914	2,2393	1,6195	lam.	0,0047
0,0260	-0,0097	1,1052	0,000505	0,000202	0,000321	22,7	0,0222	2,4962	1,5839	lam.	0,0095
0,0451	-0,0112	1,0807	0,000872	0,000327	0,000512	36,1	0,0111	2,6682	1,5650	lam.	0,0134
0,0691	-0,0120	1,0596	0,001249	0,000453	0,000705	48,9	0,0072	2,7597	1,5567	lam.	0,0167
0,0976	-0,0122	1,0412	0,001601	0,000575	0,000894	60,9	0,0055	2,7857	1,5546	lam.	0,0190
0,1304	-0,0119	1,0232	0,001974	0,000702	0,001091	73,1	0,0044	2,8098	1,5526	lam.	0,0212
0,1671	-0,0113	1,0068	0,002386	0,000833	0,001290	85,2	0,0035	2,8649	1,5484	lam.	0,0238
0,2073	-0,0107	0,9993	0,002787	0,000961	0,001486	96,8	0,0029	2,9000	1,5459	lam.	0,0261
0,2507	-0,0101	0,9905	0,002942	0,001062	0,001652	106,1	0,0032	2,7710	1,5559	lam.	0,0248
0,2967	-0,0098	0,9913	0,003275	0,001176	0,001828	116,4	0,0029	2,7858	1,5546	lam.	0,0263
0,3454	-0,0097	1,0002	0,003276	0,001245	0,001953	123,4	0,0034	2,6316	1,5686	lam.	0,0243
0,3958	-0,0092	0,9955	0,003200	0,001285	0,002037	128,6	0,0039	2,4896	1,5847	lam.	0,0225
0,4474	-0,0086	0,9949	0,003669	0,001400	0,002198	139,4	0,0030	2,6199	1,5697	lam.	0,0256

0,4996	-0,0078	0,9909	0,003871	0,001482	0,002327	147,4	0,0029	2,6127	1,5705	lam.	0,0262
0,5518	-0,0069	0,9864	0,004225	0,001581	0,002473	156,6	0,0025	2,6727	1,5647	lam.	0,0282
0,6034	-0,0060	0,9821	0,004558	0,001677	0,002617	165,4	0,0022	2,7179	1,5605	lam.	0,0299
0,6539	-0,0052	0,9819	0,004854	0,001767	0,002753	173,5	0,0020	2,7472	1,5579	lam.	0,0312
0,7028	-0,0043	0,9748	0,004880	0,001823	0,002851	179,0	0,0022	2,6774	1,5643	lam.	0,0302
0,7494	-0,0036	0,9746	0,005437	0,001934	0,003003	188,6	0,0017	2,8107	1,5526	lam.	0,0341
0,7934	-0,0029	0,9703	0,005393	0,001979	0,003087	192,9	0,0019	2,7254	1,5599	lam.	0,0324
0,8341	-0,0023	0,9669	0,005750	0,002061	0,003204	200,0	0,0017	2,7896	1,5543	lam.	0,0346
0,8712	-0,0018	0,9652	0,006005	0,002130	0,003305	205,9	0,0016	2,8198	1,5519	lam.	0,0359
0,9042	-0,0013	0,9585	0,006098	0,002176	0,003380	210,1	0,0016	2,8023	1,5533	lam.	0,0358
0,9327	-0,0009	0,9526	0,006814	0,002276	0,003505	218,1	0,0011	2,9936	1,5399	lam.	0,0422
0,9566	-0,0006	0,9477	0,007588	0,002361	0,003610	224,9	0,0008	3,2145	1,5291	lam.	0,0516
0,9754	-0,0003	0,9326	0,008582	0,002434	0,003699	230,7	0,0004	3,5259	1,5199	lam.	0,0721
0,9890	-0,0001	0,9103	0,006261	0,002626	0,003951	244,9	0,0012	2,3844	1,5047	turb.	0,0413
0,9972	-0,0000	0,8434	0,008674	0,002530	0,004387	213,4	0,0000	3,4289	1,7342	turb.	0,0000
1,0000	0,0000	0,0597	0,008674	0,002530	0,004387	15,1	0,0000	3,4289	1,7342	abgel.	0,0000

α	Ca	Cw	Cm 0.25	T.U.	T.L.	S.U.	S.L.	GZ	N.P.	D.P.
[°]	[-]	[-]	[-]	[-]	[-]	[-]	[-]	[-]	[-]	[-]
-29,0	-0,048	0,36377	-0,014	0,978	0,004	0,984	0,025	-0,133	0,250	-0,048
-28,0	-0,053	0,33934	-0,014	0,978	0,003	0,984	0,025	-0,156	0,255	-0,022
-27,0	-0,058	0,31744	-0,014	0,978	0,003	0,984	0,025	-0,183	0,254	0,002
-26,0	-0,064	0,29926	-0,014	0,978	0,003	0,984	0,025	-0,213	0,251	0,025
-25,0	-0,070	0,27630	-0,014	0,978	0,003	0,984	0,024	-0,255	0,249	0,046
-24,0	-0,078	0,25876	-0,014	0,977	0,003	0,985	0,024	-0,301	0,247	0,066
-23,0	-0,087	0,24156	-0,014	0,977	0,003	0,985	0,024	-0,359	0,248	0,084
-22,0	-0,097	0,22163	-0,014	0,977	0,003	0,985	0,024	-0,437	0,245	0,101
-21,0	-0,109	0,20681	-0,014	0,977	0,003	0,984	0,024	-0,525	0,247	0,117
-20,0	-0,122	0,18727	-0,014	0,977	0,003	0,985	0,023	-0,652	0,247	0,131
-19,0	-0,138	0,17600	-0,015	0,977	0,002	0,985	0,023	-0,783	0,248	0,144
-18,0	-0,156	0,15874	-0,015	0,976	0,002	0,987	0,022	-0,984	0,249	0,157
-17,0	-0,177	0,14629	-0,015	0,973	0,002	0,988	0,021	-1,213	0,250	0,168
-16,0	-0,202	0,13522	-0,015	0,972	0,002	0,989	0,020	-1,493	0,258	0,178
-15,0	-0,230	0,12214	-0,014	0,970	0,002	0,989	0,017	-1,881	0,259	0,188
-14,0	-0,261	0,10876	-0,014	0,967	0,002	0,989	0,015	-2,399	0,257	0,196
-13,0	-0,295	0,12067	-0,014	0,965	0,001	0,990	0,012	-2,443	0,256	0,203
-12,0	-0,330	0,10500	-0,014	0,963	0,001	0,990	0,011	-3,141	0,256	0,209
-11,0	-0,363	0,08873	-0,013	0,960	0,001	0,990	0,009	-4,092	0,258	0,213
-10,0	-0,390	0,07873	-0,013	0,956	0,001	0,990	0,008	-4,957	0,256	0,216
-9,0	-0,405	0,06509	-0,013	0,945	0,002	0,991	0,007	-6,229	0,203	0,218
-8,0	-0,403	0,05643	-0,014	0,934	0,002	0,991	0,009	-7,137	0,261	0,216
-7,0	-0,378	0,04752	-0,013	0,923	0,003	0,992	0,007	-7,949	0,253	0,214
-6,0	-0,330	0,04132	-0,014	0,912	0,004	0,993	0,008	-7,988	0,262	0,208
-5,0	-0,261	0,03619	-0,015	0,890	0,005	0,994	0,010	-7,203	0,288	0,193

-4,0	-0,181	0,03149	-0,020	0,858	0,005	0,996	0,037	-5,742	0,414	0,142
-3,0	-0,116	0,00673	-0,039	0,837	0,007	0,997	0,998	-17,229	0,361	-0,083
-2,0	-0,004	0,00675	-0,039	0,775	0,010	1,000	0,998	-0,549	0,256	-10,344
-1,0	0,110	0,00379	-0,040	0,732	0,875	1,000	0,998	29,132	0,256	0,612
0,0	0,225	0,00417	-0,041	0,637	0,912	1,000	0,998	53,962	0,256	0,431
1,0	0,339	0,00473	-0,041	0,523	0,958	1,000	0,998	71,731	0,257	0,372
2,0	0,453	0,00585	-0,042	0,343	0,967	1,000	0,998	77,463	0,257	0,343
3,0	0,565	0,00630	-0,043	0,304	0,977	1,000	0,998	89,599	0,257	0,326
4,0	0,672	0,00904	-0,044	0,007	0,984	1,000	0,998	74,346	0,258	0,315
5,0	0,771	0,00984	-0,045	0,005	0,998	1,000	0,998	78,367	0,259	0,308
6,0	0,859	0,01071	-0,045	0,004	0,998	1,000	0,998	80,142	1,333	0,303
7,0	0,746	0,04419	-0,018	0,004	0,998	0,008	0,998	16,884	0,598	0,274
8,0	0,778	0,05134	-0,017	0,003	0,998	0,007	0,999	15,157	0,218	0,272
9,0	0,771	0,05978	-0,017	0,002	0,998	0,006	0,999	12,900	0,234	0,272
10,0	0,736	0,06901	-0,018	0,001	0,999	0,007	0,999	10,661	0,234	0,275
11,0	0,678	0,08471	-0,019	0,001	0,999	0,007	0,999	8,006	0,242	0,277
12,0	0,609	0,09583	-0,019	0,001	0,999	0,008	0,999	6,350	0,241	0,281
13,0	0,535	0,11028	-0,020	0,001	0,999	0,008	0,999	4,854	0,238	0,287
14,0	0,465	0,12890	-0,021	0,001	0,999	0,010	0,999	3,607	0,232	0,295
15,0	0,401	0,12090	-0,022	0,001	0,999	0,013	0,999	3,317	0,222	0,306
16,0	0,345	0,13398	-0,024	0,001	0,999	0,017	0,999	2,575	0,226	0,320
17,0	0,297	0,14722	-0,025	0,001	0,999	0,018	0,999	2,014	0,232	0,334
18,0	0,255	0,15955	-0,026	0,001	0,999	0,020	0,999	1,601	0,229	0,351
19,0	0,221	0,17801	-0,026	0,002	0,999	0,021	0,999	1,240	0,233	0,370
20,0	0,192	0,19021	-0,027	0,001	0,999	0,021	1,000	1,007	0,229	0,390
21,0	0,167	0,20896	-0,028	0,001	0,999	0,022	1,000	0,799	0,224	0,415
22,0	0,146	0,22828	-0,028	0,002	0,999	0,023	1,000	0,641	0,221	0,442
23,0	0,129	0,24651	-0,029	0,002	0,999	0,023	1,000	0,523	0,220	0,473
24,0	0,114	0,26379	-0,029	0,002	1,000	0,023	1,000	0,432	0,212	0,505
25,0	0,101	0,28691	-0,030	0,002	1,000	0,024	1,000	0,353	0,194	0,543
26,0	0,090	0,31288	-0,030	0,002	1,000	0,025	1,000	0,289	0,185	0,585
27,0	0,081	0,32898	-0,031	0,002	1,000	0,026	1,000	0,247	0,179	0,632
28,0	0,073	0,35325	-0,032	0,002	1,000	0,027	1,000	0,207	0,199	0,682
29,0	0,066	0,37916	-0,032	0,002	1,000	0,026	1,000	0,174	0,206	0,731
30,0	0,060	0,40570	-0,032	0,002	1,000	0,026	1,000	0,148	0,192	0,786

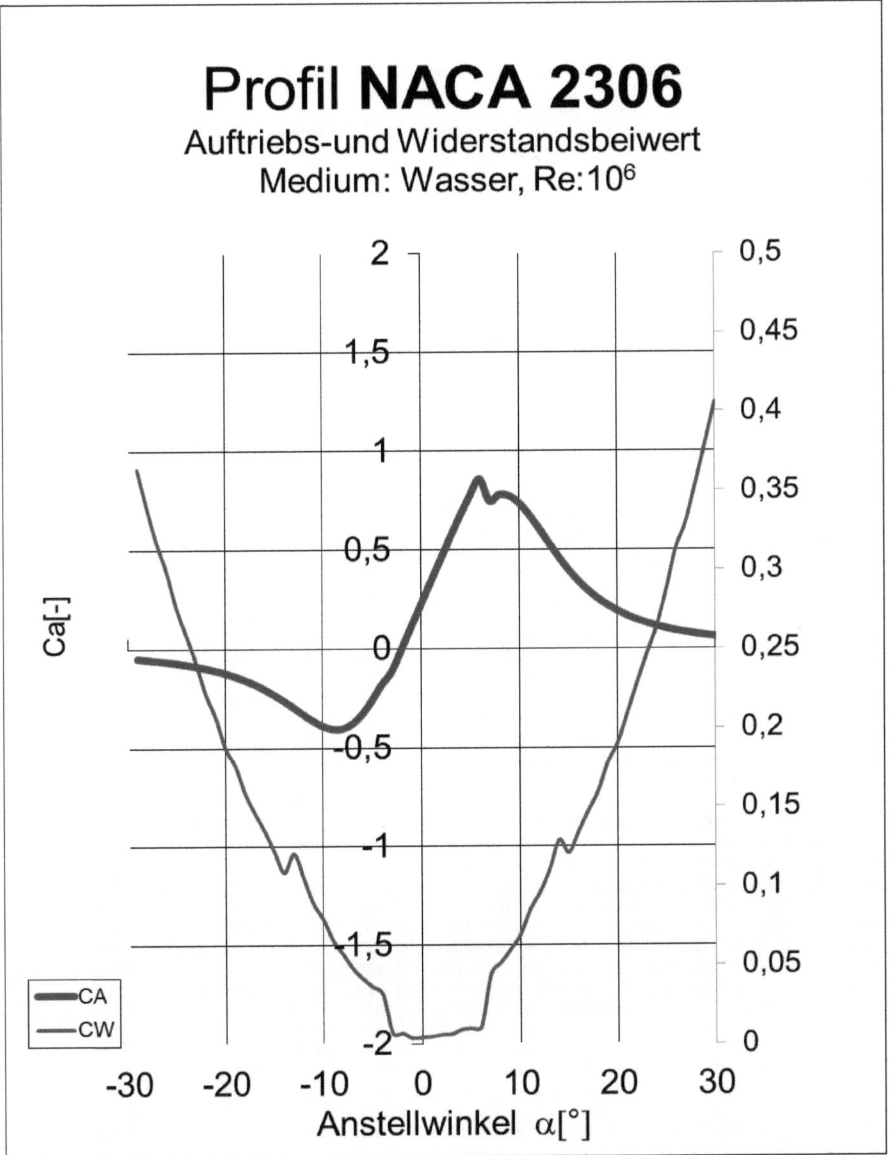
Profil NACA 2306
Auftriebs-und Widerstandsbeiwert
Medium: Wasser, Re:10⁶
Ca[-]
CA
CW
2
1,5
1
0,5
0
-0,5
-1
-1,5
-2
0,5
0,45
0,4
0,35
0,3
0,25
0,2
0,15
0,1
0,05
0
-30
-20
-10
0
10
20
30
Anstellwinkel α[°]

NACA 5306   Re 1000000   Wasser

x/l	y/l	v/V	δ_1	δ_2	δ_3	Reδ_2	C_f	H_12	H_32	Zust.	y1
[-]	[-]	[-]	[-]	[-]	[-]	[-]	[-]	[-]	[-]	[-]	[%]
1,0000	0,0000	0,0907	0,021316	0,004979	0,011245	45,2	0,0000	4,2812	2,2584	abgel.	0,0000
0,9974	0,0006	0,8487	0,021316	0,004979	0,011245	422,6	0,0000	4,2812	2,2584	turb.	0,0000
0,9893	0,0023	0,9370	0,009378	0,005262	0,008478	513,3	0,0024	1,7822	1,6113	turb.	0,0288
0,9758	0,0051	0,9755	0,007866	0,004696	0,007701	471,8	0,0029	1,6750	1,6399	turb.	0,0262
0,9572	0,0089	1,0053	0,006821	0,004242	0,007041	437,3	0,0033	1,6080	1,6599	turb.	0,0246
0,9337	0,0136	1,0314	0,005867	0,003787	0,006359	401,5	0,0037	1,5495	1,6792	turb.	0,0232
0,9054	0,0191	1,0602	0,005465	0,003553	0,005980	381,7	0,0038	1,5382	1,6830	turb.	0,0229
0,8726	0,0250	1,0746	0,004873	0,003224	0,005458	353,8	0,0041	1,5112	1,6926	turb.	0,0221
0,8358	0,0314	1,0973	0,004436	0,002961	0,005025	330,3	0,0042	1,4982	1,6974	turb.	0,0217
0,7952	0,0380	1,1159	0,004057	0,002719	0,004621	307,8	0,0044	1,4922	1,6996	turb.	0,0214
0,7514	0,0446	1,1325	0,003648	0,002460	0,004189	283,4	0,0045	1,4833	1,7030	turb.	0,0211
0,7049	0,0511	1,1521	0,003335	0,002243	0,003816	261,7	0,0046	1,4870	1,7016	turb.	0,0209
0,6560	0,0572	1,1670	0,003042	0,002032	0,003450	240,1	0,0046	1,4970	1,6979	turb.	0,0209
0,6054	0,0628	1,1819	0,002777	0,001828	0,003090	218,8	0,0045	1,5186	1,6900	turb.	0,0211
0,5535	0,0678	1,1965	0,002510	0,001618	0,002717	196,6	0,0044	1,5511	1,6788	turb.	0,0214
0,5011	0,0721	1,2149	0,002402	0,001462	0,002411	179,2	0,0038	1,6435	1,6494	turb.	0,0228
0,4486	0,0754	1,2259	0,002348	0,001291	0,002069	160,7	0,0030	1,8189	1,6032	turb.	0,0259
0,3966	0,0779	1,2450	0,002572	0,001149	0,001752	145,5	0,0016	2,2389	1,5252	turb.	0,0350
0,3458	0,0794	1,2663	0,002792	0,000959	0,001482	125,1	0,0022	2,9105	1,5451	lam.	0,0299
0,2965	0,0798	1,3043	0,002034	0,000796	0,001254	106,0	0,0044	2,5566	1,5766	lam.	0,0214
0,2484	0,0781	1,3318	0,001700	0,000691	0,001098	91,9	0,0058	2,4580	1,5887	lam.	0,0186
0,2031	0,0737	1,3292	0,001474	0,000611	0,000974	79,8	0,0071	2,4129	1,5945	lam.	0,0168
0,1614	0,0670	1,3067	0,001308	0,000541	0,000862	68,7	0,0082	2,4179	1,5939	lam.	0,0157
0,1237	0,0586	1,2690	0,001094	0,000462	0,000739	56,7	0,0105	2,3689	1,6005	lam.	0,0138
0,0904	0,0492	1,2274	0,000949	0,000397	0,000635	46,2	0,0126	2,3885	1,5978	lam.	0,0126
0,0620	0,0392	1,1607	0,000745	0,000316	0,000507	34,6	0,0176	2,3548	1,6025	lam.	0,0107
0,0386	0,0294	1,0926	0,000545	0,000235	0,000377	23,2	0,0274	2,3240	1,6069	lam.	0,0085
0,0207	0,0202	0,9902	0,000322	0,000143	0,000231	11,9	0,0587	2,2519	1,6175	lam.	0,0058
0,0082	0,0120	0,8300	0,000069	0,000031	0,000050	1,5	0,0001	2,2364	1,6200	lam.	0,1414
0,0013	0,0052	0,4557	0,000001	0,000000	0,000001	0,0	0,0000	2,2364	1,6200	lam.	0,0000
0,0000	0,0000	0,7124	0,000072	0,000032	0,000052	1,6	0,0001	2,2364	1,6200	lam.	0,1414
0,0042	-0,0034	1,2912	0,000280	0,000123	0,000199	8,8	0,0772	2,2733	1,6142	lam.	0,0051
0,0136	-0,0049	1,2061	0,000209	0,000094	0,000152	11,8	0,0620	2,2222	1,6222	lam.	0,0057
0,0283	-0,0045	1,1050	0,000705	0,000237	0,000365	28,6	0,0089	2,9709	1,5411	lam.	0,0150
0,0478	-0,0027	1,0463	0,001008	0,000415	0,000622	45,7	0,0016	2,4278	1,4981	turb.	0,0350
0,0720	0,0004	0,9913	0,001175	0,000542	0,000832	56,7	0,0022	2,1689	1,5357	turb.	0,0298
0,1006	0,0044	0,9440	0,001421	0,000709	0,001110	70,3	0,0027	2,0031	1,5642	turb.	0,0271
0,1332	0,0087	0,9108	0,001722	0,000907	0,001437	85,6	0,0031	1,8992	1,5850	turb.	0,0256
0,1695	0,0129	0,8843	0,001967	0,001099	0,001769	100,1	0,0035	1,7900	1,6100	turb.	0,0240
0,2091	0,0165	0,8674	0,002223	0,001301	0,002122	115,0	0,0038	1,7083	1,6310	turb.	0,0229
0,2516	0,0191	0,8578	0,002417	0,001480	0,002446	128,3	0,0042	1,6331	1,6525	turb.	0,0218
0,2967	0,0202	0,8686	0,002568	0,001637	0,002737	140,4	0,0046	1,5692	1,6727	turb.	0,0209
0,3452	0,0202	0,8914	0,002487	0,001675	0,002853	145,5	0,0052	1,4844	1,7027	turb.	0,0195
0,3955	0,0202	0,8965	0,002362	0,001662	0,002872	148,2	0,0058	1,4213	1,7277	turb.	0,0185
0,4469	0,0201	0,8984	0,002512	0,001775	0,003072	159,2	0,0058	1,4146	1,7304	turb.	0,0185

0,4989	0,0198	0,8987	0,002704	0,001912	0,003309	171,8	0,0057	1,4142	1,7306	turb.	0,0187
0,5510	0,0192	0,8999	0,002908	0,002055	0,003556	184,7	0,0056	1,4149	1,7303	turb.	0,0189
0,6026	0,0183	0,9018	0,003097	0,002191	0,003794	197,2	0,0056	1,4131	1,7310	turb.	0,0190
0,6530	0,0172	0,9002	0,003268	0,002318	0,004015	209,0	0,0055	1,4099	1,7324	turb.	0,0191
0,7019	0,0157	0,9047	0,003489	0,002470	0,004277	222,3	0,0054	1,4124	1,7313	turb.	0,0192
0,7486	0,0141	0,9029	0,003594	0,002560	0,004441	231,6	0,0054	1,4041	1,7349	turb.	0,0192
0,7925	0,0122	0,9082	0,003804	0,002703	0,004686	244,1	0,0053	1,4073	1,7335	turb.	0,0194
0,8334	0,0103	0,9074	0,003869	0,002766	0,004806	251,3	0,0054	1,3984	1,7374	turb.	0,0193
0,8705	0,0083	0,9116	0,004042	0,002885	0,005010	261,8	0,0053	1,4008	1,7363	turb.	0,0194
0,9037	0,0064	0,9112	0,004098	0,002938	0,005110	267,9	0,0054	1,3945	1,7391	turb.	0,0193
0,9324	0,0046	0,9126	0,004232	0,003031	0,005269	276,2	0,0053	1,3961	1,7383	turb.	0,0194
0,9563	0,0030	0,9126	0,004312	0,003092	0,005377	282,2	0,0053	1,3946	1,7390	turb.	0,0195
0,9752	0,0017	0,9094	0,004400	0,003154	0,005484	287,9	0,0053	1,3950	1,7388	turb.	0,0195
0,9889	0,0008	0,8855	0,004545	0,003245	0,005634	295,0	0,0052	1,4008	1,7363	turb.	0,0197
0,9971	0,0002	0,8385	0,005186	0,003590	0,006166	317,5	0,0047	1,4447	1,7176	turb.	0,0206
1,0000	0,0000	0,0907	0,021405	0,003417	0,011233	31,0	0,0000	6,2635	3,2871	turb.	0,0000

α [°]	Ca [-]	Cw [-]	Cm 0.25 [-]	T.U. [-]	T.L. [-]	S.U. [-]	S.L. [-]	GZ [-]	N.P. [-]	D.P.
-29,0	-0,036	0,35702	-0,046	0,952	0,004	0,975	0,025	-0,101	0,381	-1,035
-28,0	-0,039	0,33374	-0,046	0,951	0,004	0,977	0,025	-0,117	0,372	-0,927
-27,0	-0,042	0,30993	-0,046	0,951	0,004	0,977	0,025	-0,137	0,339	-0,826
-26,0	-0,046	0,28582	-0,045	0,950	0,004	0,977	0,025	-0,162	0,308	-0,733
-25,0	-0,050	0,26893	-0,045	0,949	0,004	0,977	0,025	-0,188	0,296	-0,646
-24,0	-0,055	0,25269	-0,045	0,948	0,004	0,977	0,025	-0,218	0,296	-0,565
-23,0	-0,061	0,23427	-0,045	0,946	0,004	0,978	0,024	-0,259	0,295	-0,488
-22,0	-0,067	0,21499	-0,044	0,945	0,003	0,978	0,024	-0,310	0,287	-0,417
-21,0	-0,074	0,20300	-0,044	0,943	0,003	0,978	0,024	-0,363	0,286	-0,351
-20,0	-0,081	0,18829	-0,044	0,942	0,003	0,979	0,023	-0,433	0,286	-0,290
-19,0	-0,090	0,16907	-0,044	0,940	0,003	0,979	0,023	-0,534	0,273	-0,233
-18,0	-0,100	0,15638	-0,044	0,937	0,003	0,980	0,022	-0,642	0,279	-0,184
-17,0	-0,112	0,14269	-0,043	0,935	0,003	0,980	0,021	-0,782	0,289	-0,136
-16,0	-0,124	0,13225	-0,043	0,932	0,003	0,981	0,020	-0,939	0,285	-0,093
-15,0	-0,138	0,11852	-0,042	0,927	0,002	0,982	0,019	-1,163	0,303	-0,056
-14,0	-0,152	0,10945	-0,041	0,924	0,002	0,983	0,017	-1,393	0,330	-0,020
-13,0	-0,167	0,11978	-0,040	0,919	0,003	0,984	0,014	-1,396	0,310	0,012
-12,0	-0,181	0,10430	-0,039	0,914	0,002	0,986	0,013	-1,737	0,297	0,033
-11,0	-0,192	0,08917	-0,039	0,910	0,002	0,987	0,012	-2,156	0,337	0,049
-10,0	-0,197	0,07884	-0,038	0,893	0,002	0,990	0,010	-2,504	4,226	0,058
-9,0	-0,193	0,06768	-0,037	0,862	0,002	0,991	0,009	-2,847	0,183	0,059
-8,0	-0,174	0,05940	-0,036	0,848	0,002	0,991	0,008	-2,925	0,226	0,041
-7,0	-0,137	0,05117	-0,035	0,833	0,002	0,991	0,007	-2,676	0,263	-0,009
-6,0	-0,081	0,04428	-0,038	0,805	0,002	0,992	0,009	-1,825	0,278	-0,215
-5,0	-0,007	0,03861	-0,039	0,766	0,003	0,993	0,010	-0,189	0,259	-5,104
-4,0	0,079	0,03418	-0,039	0,733	0,005	0,994	0,010	2,302	0,261	0,747

-3,0	0,170	0,03107	-0,041	0,708	0,006	0,995	0,012	5,479	0,492	0,491
-2,0	0,328	0,00630	-0,100	0,647	0,008	0,996	0,998	52,047	0,466	0,553
-1,0	0,445	0,00713	-0,100	0,557	0,010	1,000	0,999	62,429	0,258	0,476
0,0	0,561	0,00845	-0,101	0,339	0,024	1,000	0,999	66,388	0,258	0,431
1,0	0,675	0,00855	-0,102	0,323	0,092	1,000	0,999	78,980	0,258	0,401
2,0	0,789	0,00717	-0,103	0,310	0,998	1,000	0,998	109,982	0,259	0,381
3,0	0,902	0,00764	-0,104	0,297	0,998	1,000	0,998	118,075	0,259	0,366
4,0	1,014	0,00814	-0,105	0,283	0,998	1,000	0,999	124,593	0,260	0,354
5,0	1,116	0,01211	-0,106	0,007	0,999	1,000	0,999	92,160	0,262	0,345
6,0	1,208	0,01333	-0,108	0,004	0,999	1,000	0,999	90,659	0,264	0,339
7,0	1,285	0,01473	-0,109	0,003	0,999	1,000	0,999	87,247	0,749	0,335
8,0	1,076	0,04882	-0,042	0,003	0,999	0,008	0,999	22,049	0,581	0,289
9,0	1,078	0,05630	-0,040	0,002	0,999	0,006	0,999	19,140	0,264	0,287
10,0	1,036	0,06510	-0,041	0,001	0,999	0,007	1,000	15,917	0,240	0,290
11,0	0,961	0,07730	-0,041	0,001	1,000	0,006	1,000	12,436	0,260	0,293
12,0	0,864	0,09218	-0,040	0,000	1,000	0,005	1,000	9,377	0,245	0,296
13,0	0,759	0,10286	-0,042	0,001	1,000	0,006	1,000	7,377	0,229	0,306
14,0	0,655	0,11874	-0,044	0,001	1,000	0,007	1,000	5,514	0,234	0,317
15,0	0,559	0,13615	-0,046	0,001	1,000	0,008	1,000	4,105	0,226	0,331
16,0	0,475	0,13392	-0,048	0,001	1,000	0,010	1,000	3,545	0,204	0,352
17,0	0,403	0,14879	-0,053	0,001	1,000	0,015	1,000	2,708	0,200	0,381
18,0	0,342	0,16263	-0,055	0,001	1,000	0,017	1,000	2,105	0,215	0,411
19,0	0,292	0,17907	-0,057	0,001	1,000	0,018	1,000	1,629	0,217	0,444
20,0	0,250	0,19467	-0,058	0,001	1,000	0,020	1,000	1,283	0,214	0,482
21,0	0,215	0,21247	-0,059	0,001	1,000	0,021	1,000	1,011	0,215	0,526
22,0	0,186	0,23295	-0,060	0,001	1,000	0,021	1,000	0,798	0,217	0,574
23,0	0,162	0,24542	-0,061	0,001	1,000	0,021	1,000	0,659	0,211	0,627
24,0	0,141	0,26939	-0,062	0,001	1,000	0,022	1,000	0,525	0,181	0,688
25,0	0,124	0,29085	-0,064	0,001	1,000	0,023	1,000	0,428	0,168	0,761
26,0	0,110	0,31001	-0,065	0,001	1,000	0,024	1,000	0,355	0,193	0,838
27,0	0,098	0,33440	-0,065	0,001	1,000	0,023	1,000	0,292	0,136	0,917
28,0	0,087	0,35332	-0,067	0,001	1,000	0,026	1,000	0,247	0,090	1,020
29,0	0,078	0,38415	-0,068	0,001	1,000	0,026	1,000	0,204	0,174	1,123
30,0	0,070	0,41295	-0,068	0,001	0,999	0,025	0,999	0,170	0,218	1,223

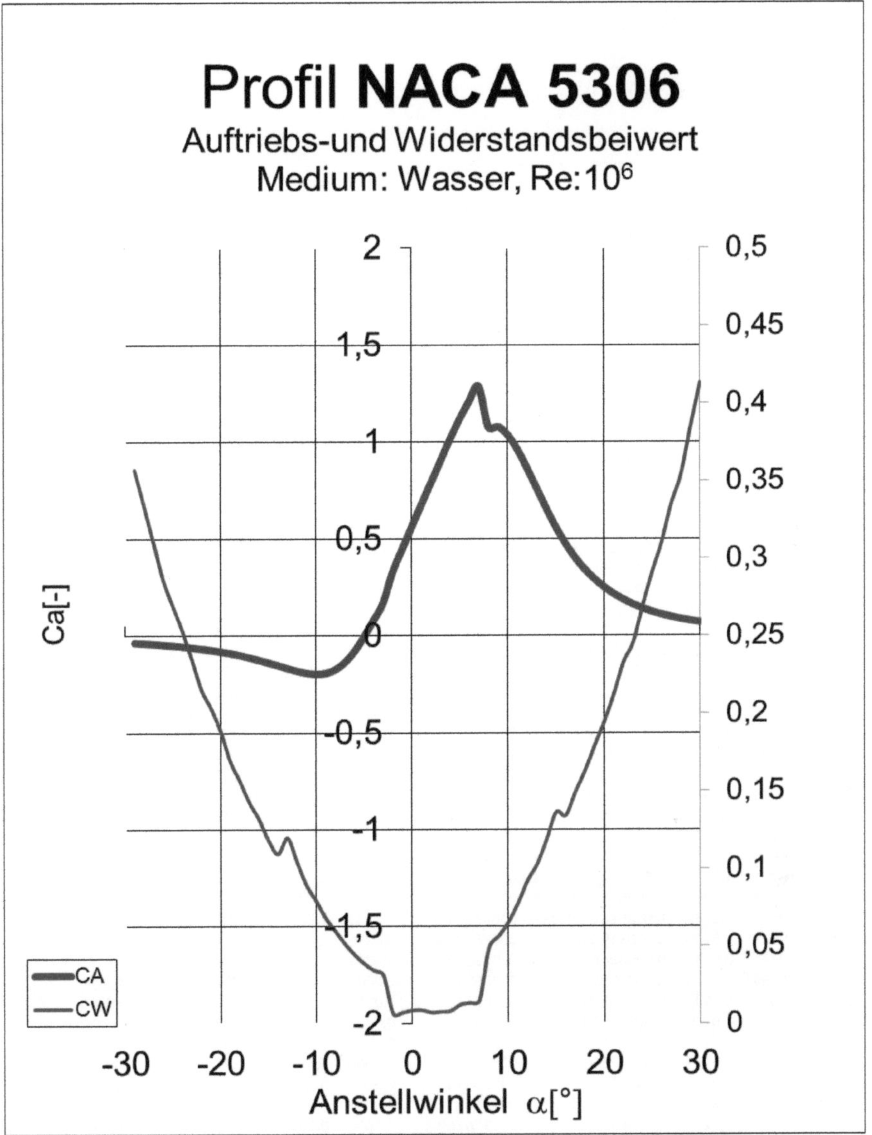

Profil NACA 5306
Auftriebs-und Widerstandsbeiwert
Medium: Wasser, Re:10⁶
Ca[-]
Anstellwinkel α[°]
CA
CW
2
1,5
1
0,5
0
-0,5
-1
-1,5
-2
0,5
0,45
0,4
0,35
0,3
0,25
0,2
0,15
0,1
0,05
0
-30
-20
-10
0
10
20
30

NACA 8306   Re 1000000   Wasser

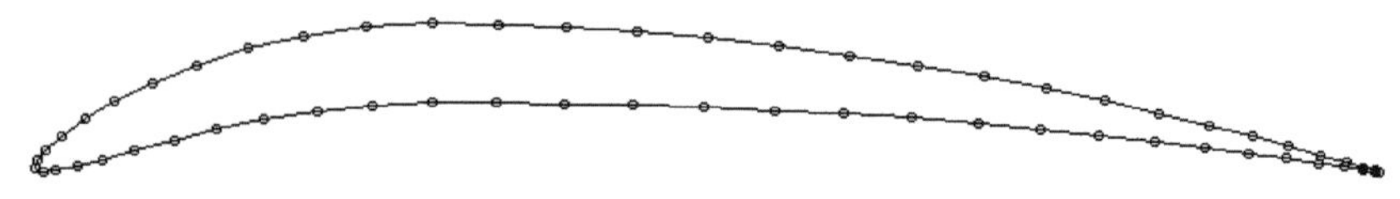

x/l	y/l	v/V	δ_1	δ_2	δ_3	$Re\delta_2$	C_f	H_{12}	H_{32}	Zust.	y1
[-]	[-]	[-]	[-]	[-]	[-]	[-]	[-]	[-]	[-]	[-]	[%]
1,0000	0,0000	0,0932	0,021728	0,005388	0,011293	50,2	0,0000	4,0325	2,0959	abgel.	0,0000
0,9974	0,0008	0,8003	0,021728	0,005388	0,011293	431,2	0,0000	4,0325	2,0959	abgel.	0,0000
0,9894	0,0032	0,9273	0,021728	0,005388	0,011293	499,7	0,0000	4,0325	2,0959	turb.	0,0000
0,9760	0,0072	0,9872	0,010902	0,005712	0,009039	584,9	0,0019	1,9087	1,5825	turb.	0,0322
0,9575	0,0125	1,0240	0,008962	0,005064	0,008177	534,5	0,0024	1,7695	1,6146	turb.	0,0287
0,9341	0,0190	1,0560	0,007434	0,004459	0,007323	485,9	0,0029	1,6671	1,6422	turb.	0,0261
0,9059	0,0266	1,0897	0,006370	0,003974	0,006603	445,5	0,0033	1,6029	1,6616	turb.	0,0246
0,8732	0,0350	1,1215	0,005711	0,003627	0,006060	415,2	0,0035	1,5745	1,6708	turb.	0,0238
0,8365	0,0438	1,1449	0,004966	0,003230	0,005436	379,5	0,0038	1,5377	1,6832	turb.	0,0228
0,7960	0,0530	1,1750	0,004468	0,002932	0,004950	351,3	0,0040	1,5238	1,6881	turb.	0,0224
0,7523	0,0621	1,1979	0,003991	0,002639	0,004466	322,6	0,0042	1,5122	1,6923	turb.	0,0219
0,7057	0,0710	1,2222	0,003571	0,002369	0,004013	295,1	0,0043	1,5072	1,6941	turb.	0,0216
0,6569	0,0794	1,2454	0,003207	0,002122	0,003592	268,9	0,0043	1,5112	1,6926	turb.	0,0215
0,6062	0,0871	1,2672	0,002874	0,001886	0,003184	243,2	0,0044	1,5238	1,6882	turb.	0,0214
0,5543	0,0939	1,2893	0,002609	0,001676	0,002811	219,5	0,0042	1,5566	1,6768	turb.	0,0218
0,5017	0,0996	1,3096	0,002395	0,001476	0,002445	196,5	0,0039	1,6219	1,6559	turb.	0,0227
0,4491	0,1041	1,3311	0,002290	0,001298	0,002098	175,7	0,0032	1,7640	1,6166	turb.	0,0251
0,3970	0,1073	1,3535	0,002358	0,001134	0,001758	156,6	0,0020	2,0794	1,5505	turb.	0,0314
0,3459	0,1092	1,3814	0,002676	0,000885	0,001361	128,0	0,0018	3,0242	1,5380	lam.	0,0331
0,2965	0,1098	1,4469	0,001752	0,000703	0,001113	104,6	0,0048	2,4927	1,5843	lam.	0,0203
0,2474	0,1072	1,4878	0,001476	0,000613	0,000977	90,2	0,0063	2,4092	1,5950	lam.	0,0178
0,2014	0,1005	1,4715	0,001270	0,000540	0,000865	77,2	0,0079	2,3526	1,6027	lam.	0,0159
0,1590	0,0905	1,4287	0,001143	0,000485	0,000778	66,0	0,0092	2,3547	1,6024	lam.	0,0147
0,1210	0,0781	1,3585	0,000984	0,000423	0,000679	54,2	0,0116	2,3277	1,6062	lam.	0,0131
0,0876	0,0644	1,2808	0,000861	0,000368	0,000590	43,4	0,0143	2,3397	1,6045	lam.	0,0118
0,0593	0,0502	1,1785	0,000686	0,000297	0,000478	31,9	0,0203	2,3105	1,6088	lam.	0,0099
0,0363	0,0366	1,0706	0,000519	0,000227	0,000366	21,0	0,0319	2,2865	1,6124	lam.	0,0079
0,0188	0,0241	0,9180	0,000304	0,000136	0,000220	9,6	0,0744	2,2372	1,6199	lam.	0,0052
0,0069	0,0136	0,7045	0,000095	0,000042	0,000069	1,1	0,0001	2,2364	1,6200	lam.	0,1414
0,0006	0,0055	0,2398	0,000001	0,000000	0,000001	0,0	0,0000	2,2364	1,6200	lam.	0,0000
0,0000	0,0000	1,0750	0,000088	0,000039	0,000064	1,3	0,0001	2,2364	1,6200	lam.	0,1414
0,0049	-0,0026	1,4682	0,000204	0,000091	0,000148	7,5	0,0943	2,2377	1,6198	lam.	0,0046
0,0150	-0,0022	1,2355	0,000679	0,001197	0,000356	147,9	0,0000	0,5671	0,2973	lam.	0,0000
0,0302	0,0009	1,0891	0,000679	0,001197	0,000356	130,4	0,0000	0,5671	0,2973	abgel.	0,0000
0,0502	0,0062	0,9899	0,000679	0,001197	0,000356	118,5	0,0000	0,5671	0,2973	abgel.	0,0000
0,0747	0,0132	0,9120	0,000679	0,001197	0,000356	109,2	0,0000	0,5671	0,2973	abgel.	0,0000
0,1034	0,0212	0,8525	0,000679	0,001197	0,000356	102,1	0,0000	0,5671	0,2973	abgel.	0,0000
0,1359	0,0295	0,8047	0,000679	0,001197	0,000356	96,3	0,0000	0,5671	0,2973	abgel.	0,0000
0,1718	0,0373	0,7684	0,000679	0,001197	0,000356	92,0	0,0000	0,5671	0,2973	abgel.	0,0000
0,2109	0,0438	0,7462	0,000679	0,001197	0,000356	89,3	0,0000	0,5671	0,2973	abgel.	0,0000

0,2526	0,0483	0,7371	0,000679	0,001197	0,000356	88,3	0,0000	0,5671	0,2973	abgel.	0,0000
0,2968	0,0502	0,7545	0,000679	0,001197	0,000356	90,3	0,0000	0,5671	0,2973	abgel.	0,0000
0,3450	0,0501	0,7896	0,000679	0,001197	0,000356	94,5	0,0000	0,5671	0,2973	abgel.	0,0000
0,3951	0,0497	0,7998	0,000679	0,001197	0,000356	95,8	0,0000	0,5671	0,2973	abgel.	0,0000
0,4464	0,0488	0,8076	0,000679	0,001197	0,000356	96,7	0,0000	0,5671	0,2973	abgel.	0,0000
0,4983	0,0474	0,8120	0,000679	0,001197	0,000356	97,2	0,0000	0,5671	0,2973	abgel.	0,0000
0,5502	0,0454	0,8157	0,000679	0,001197	0,000356	97,7	0,0000	0,5671	0,2973	abgel.	0,0000
0,6017	0,0427	0,8232	0,000679	0,001197	0,000356	98,6	0,0000	0,5671	0,2973	abgel.	0,0000
0,6522	0,0396	0,8248	0,000679	0,001197	0,000356	98,8	0,0000	0,5671	0,2973	abgel.	0,0000
0,7010	0,0359	0,8313	0,000679	0,001197	0,000356	99,5	0,0000	0,5671	0,2973	abgel.	0,0000
0,7477	0,0318	0,8372	0,000679	0,001197	0,000356	100,2	0,0000	0,5671	0,2973	abgel.	0,0000
0,7918	0,0274	0,8442	0,000679	0,001197	0,000356	101,1	0,0000	0,5671	0,2973	abgel.	0,0000
0,8326	0,0229	0,8508	0,000679	0,001197	0,000356	101,9	0,0000	0,5671	0,2973	abgel.	0,0000
0,8699	0,0184	0,8584	0,000679	0,001197	0,000356	102,8	0,0000	0,5671	0,2973	abgel.	0,0000
0,9032	0,0141	0,8641	0,000679	0,001197	0,000356	103,5	0,0000	0,5671	0,2973	abgel.	0,0000
0,9320	0,0101	0,8735	0,000679	0,001197	0,000356	104,6	0,0000	0,5671	0,2973	abgel.	0,0000
0,9560	0,0067	0,8722	0,000679	0,001197	0,000356	104,4	0,0000	0,5671	0,2973	abgel.	0,0000
0,9750	0,0038	0,8780	0,000679	0,001197	0,000356	105,1	0,0000	0,5671	0,2973	abgel.	0,0000
0,9888	0,0017	0,8609	0,000679	0,001197	0,000356	103,1	0,0000	0,5671	0,2973	abgel.	0,0000
0,9971	0,0004	0,7960	0,000679	0,001197	0,000356	95,3	0,0000	0,5671	0,2973	abgel.	0,0000
1,0000	0,0000	0,0932	0,000679	0,001197	0,000356	11,2	0,0000	0,5671	0,2973	abgel.	0,0000

α	Ca	Cw	Cm 0.25	T.U.	T.L.	S.U.	S.L.	GZ	N.P.	D.P.
[°]	[-]	[-]	[-]	[-]	[-]	[-]	[-]	[-]	[-]	[-]
-29,0	-0,029	0,33177	-0,076	0,935	0,005	0,966	0,026	-0,087	0,498	-2,370
-28,0	-0,031	0,31015	-0,075	0,933	0,005	0,968	0,026	-0,100	0,432	-2,178
-27,0	-0,033	0,29707	-0,075	0,930	0,005	0,970	0,027	-0,112	0,452	-2,002
-26,0	-0,036	0,27409	-0,074	0,928	0,004	0,972	0,026	-0,131	0,452	-1,824
-25,0	-0,039	0,25777	-0,074	0,926	0,005	0,973	0,026	-0,150	0,401	-1,665
-24,0	-0,042	0,24126	-0,074	0,923	0,004	0,974	0,026	-0,173	0,400	-1,511
-23,0	-0,045	0,22164	-0,073	0,921	0,004	0,975	0,026	-0,204	0,375	-1,369
-22,0	-0,049	0,20871	-0,073	0,918	0,004	0,977	0,025	-0,234	0,356	-1,236
-21,0	-0,053	0,19220	-0,072	0,915	0,004	0,977	0,025	-0,276	0,360	-1,114
-20,0	-0,057	0,18064	-0,072	0,912	0,004	0,977	0,024	-0,318	0,361	-0,998
-19,0	-0,062	0,16527	-0,071	0,909	0,004	0,978	0,024	-0,377	0,383	-0,894
-18,0	-0,067	0,15129	-0,070	0,905	0,004	0,978	0,023	-0,446	0,353	-0,794
-17,0	-0,073	0,13808	-0,070	0,898	0,004	0,979	0,022	-0,527	0,382	-0,713
-16,0	-0,078	0,12610	-0,069	0,891	0,004	0,980	0,021	-0,620	0,417	-0,632
-15,0	-0,083	0,11521	-0,068	0,885	0,003	0,981	0,020	-0,724	0,394	-0,570
-14,0	-0,088	0,10483	-0,068	0,878	0,003	0,981	0,019	-0,837	0,743	-0,520
-13,0	-0,090	0,11625	-0,065	0,864	0,003	0,983	0,015	-0,778	1,485	-0,468
-12,0	-0,090	0,10611	-0,065	0,838	0,003	0,986	0,014	-0,851	-0,053	-0,465
-11,0	-0,085	0,08895	-0,063	0,824	0,003	0,986	0,013	-0,958	0,107	-0,493
-10,0	-0,073	0,07930	-0,062	0,811	0,002	0,988	0,011	-0,915	0,192	-0,604
-9,0	-0,049	0,06838	-0,061	0,799	0,002	0,988	0,011	-0,719	0,212	-0,996
-8,0	-0,011	0,05932	-0,060	0,769	0,002	0,990	0,009	-0,188	0,219	-5,097
-7,0	0,044	0,05343	-0,058	0,738	0,002	0,990	0,008	0,830	0,224	1,565

-6,0	0,118	0,04626	-0,056	0,709	0,002	0,991	0,007	2,559	0,255	0,725
-5,0	0,209	0,04116	-0,059	0,675	0,002	0,990	0,008	5,074	0,284	0,533
-4,0	0,311	0,03623	-0,063	0,635	0,003	0,991	0,011	8,572	0,260	0,452
-3,0	0,416	0,03427	-0,061	0,335	0,005	0,991	0,009	12,144	0,260	0,397
-2,0	0,519	0,03205	-0,065	0,326	0,007	0,991	0,012	16,210	0,313	0,375
-1,0	0,619	0,03058	-0,074	0,318	0,007	0,992	0,022	20,232	0,509	0,370
0,0	0,887	0,00824	-0,160	0,312	0,010	0,992	0,999	107,671	0,478	0,430
1,0	1,001	0,00856	-0,161	0,306	0,015	0,994	0,999	116,997	0,262	0,411
2,0	1,115	0,00890	-0,163	0,300	0,049	0,997	0,999	125,332	0,263	0,396
3,0	1,229	0,01045	-0,164	0,293	0,099	1,000	1,000	117,541	0,263	0,384
4,0	1,341	0,00996	-0,166	0,284	0,999	1,000	0,999	134,626	0,263	0,374
5,0	1,452	0,01057	-0,167	0,276	0,999	1,000	0,999	137,360	0,263	0,365
6,0	1,549	0,01378	-0,169	0,005	0,999	0,988	0,999	112,416	0,263	0,359
7,0	1,627	0,01809	-0,170	0,003	0,999	0,971	0,999	89,934	0,265	0,354
8,0	1,684	0,01997	-0,171	0,003	0,999	0,949	1,000	84,300	0,707	0,351
9,0	1,396	0,05421	-0,064	0,002	1,000	0,007	1,000	25,748	0,589	0,296
10,0	1,363	0,06216	-0,062	0,001	1,000	0,005	1,000	21,924	0,250	0,295
11,0	1,286	0,07177	-0,064	0,000	1,000	0,006	1,000	17,919	0,248	0,300
12,0	1,173	0,08404	-0,062	0,000	1,000	0,005	1,000	13,956	0,268	0,303
13,0	1,039	0,09948	-0,060	0,000	1,000	0,004	1,000	10,444	0,248	0,307
14,0	0,900	0,11148	-0,063	0,000	1,000	0,005	1,000	8,077	0,226	0,320
15,0	0,768	0,12769	-0,066	0,000	1,000	0,006	1,000	6,018	0,229	0,336
16,0	0,650	0,14121	-0,068	0,000	1,000	0,006	1,000	4,602	0,231	0,355
17,0	0,547	0,16305	-0,070	0,000	1,000	0,007	1,000	3,357	0,180	0,379
18,0	0,462	0,15768	-0,081	0,000	1,000	0,013	1,000	2,927	0,159	0,426
19,0	0,390	0,17150	-0,085	0,000	1,000	0,016	1,000	2,272	0,204	0,467
20,0	0,330	0,18967	-0,087	0,000	1,000	0,017	1,000	1,742	0,208	0,515
21,0	0,281	0,20953	-0,089	0,000	1,000	0,018	1,000	1,343	0,148	0,567
22,0	0,241	0,22303	-0,097	0,000	1,000	0,025	1,000	1,082	0,117	0,650
23,0	0,208	0,24124	-0,099	0,000	1,000	0,027	1,000	0,862	0,243	0,726
24,0	0,180	0,26495	-0,097	0,000	1,000	0,023	1,000	0,679	0,198	0,788
25,0	0,157	0,28405	-0,102	0,000	1,000	0,027	1,000	0,553	0,129	0,897
26,0	0,138	0,30623	-0,102	0,000	0,999	0,026	0,999	0,449	0,167	0,992
27,0	0,121	0,32472	-0,105	0,001	0,998	0,028	0,999	0,373	0,063	1,113
28,0	0,107	0,34817	-0,108	0,001	0,998	0,031	0,999	0,309	0,081	1,252
29,0	0,096	0,36981	-0,109	0,001	0,998	0,031	0,999	0,259	0,231	1,389
30,0	0,085	0,40376	-0,108	0,001	0,998	0,028	0,999	0,212	0,327	1,516

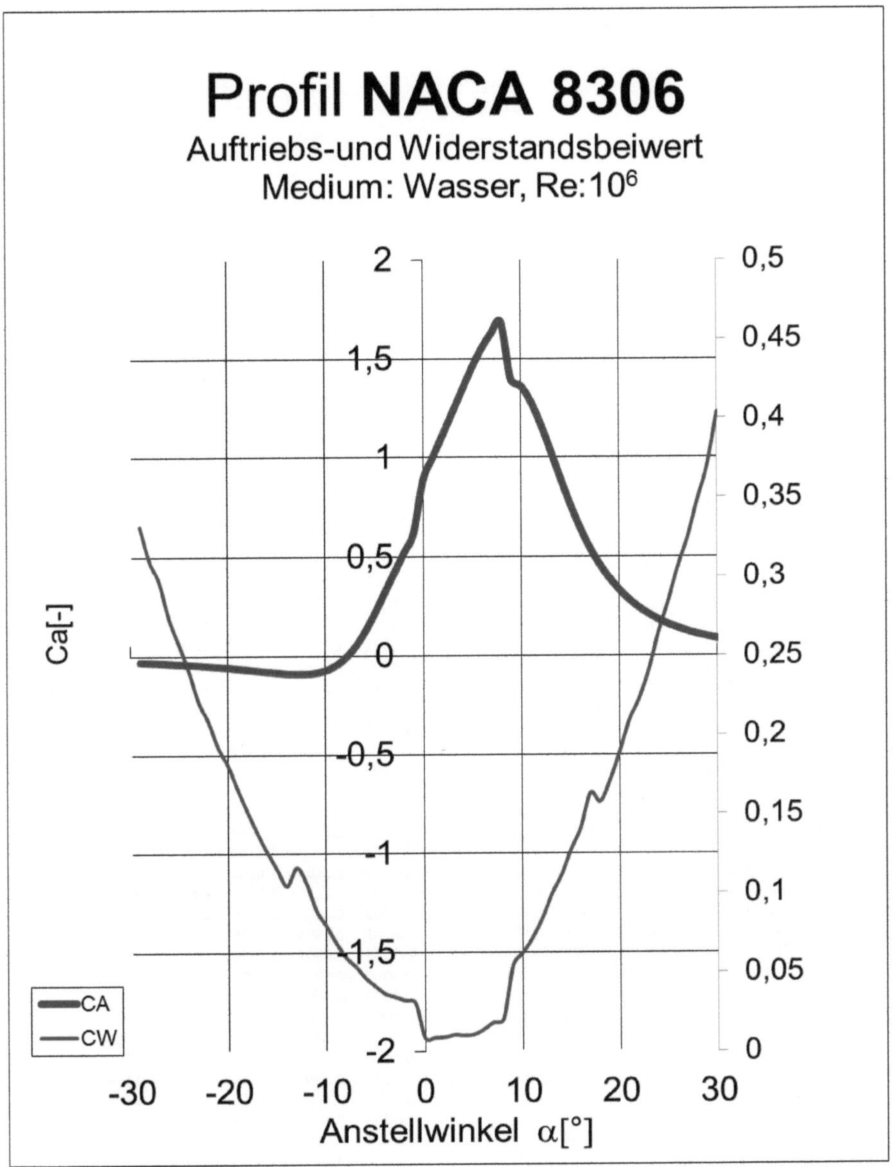
Profil NACA 8306
Auftriebs-und Widerstandsbeiwert
Medium: Wasser, Re:10⁶
Ca[-]
2
1,5
1
0,5
0
-0,5
-1
-1,5
-2
0,5
0,45
0,4
0,35
0,3
0,25
0,2
0,15
0,1
0,05
0
CA
CW
-30
-20
-10
0
10
20
30
Anstellwinkel α[°]

NACA 10306   Re 1000000   Wasser

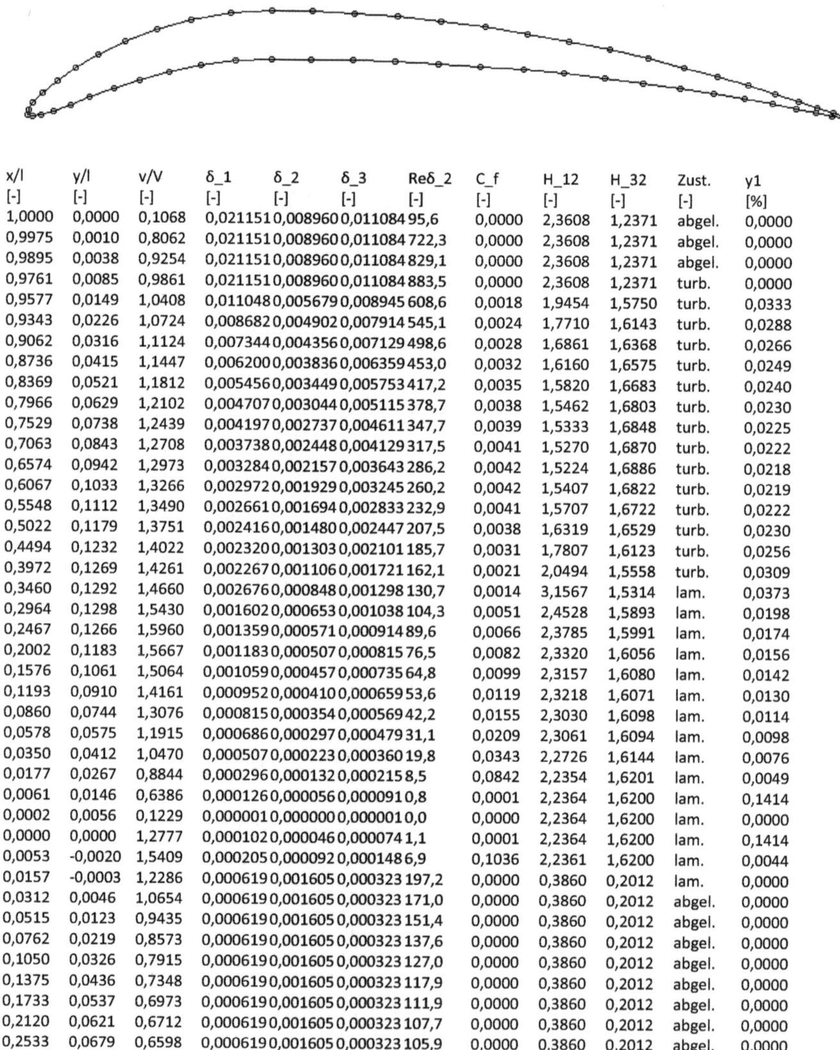

x/l	y/l	v/V	δ_1	δ_2	δ_3	Reδ_2	C_f	H_12	H_32	Zust.	y1
[-]	[-]	[-]	[-]	[-]	[-]	[-]	[-]	[-]	[-]	[-]	[%]
1,0000	0,0000	0,1068	0,021151	0,008960	0,011084	95,6	0,0000	2,3608	1,2371	abgel.	0,0000
0,9975	0,0010	0,8062	0,021151	0,008960	0,011084	722,3	0,0000	2,3608	1,2371	abgel.	0,0000
0,9895	0,0038	0,9254	0,021151	0,008960	0,011084	829,1	0,0000	2,3608	1,2371	abgel.	0,0000
0,9761	0,0085	0,9861	0,021151	0,008960	0,011084	883,5	0,0000	2,3608	1,2371	turb.	0,0000
0,9577	0,0149	1,0408	0,011048	0,005679	0,008945	608,6	0,0018	1,9454	1,5750	turb.	0,0333
0,9343	0,0226	1,0724	0,008682	0,004902	0,007914	545,1	0,0024	1,7710	1,6143	turb.	0,0288
0,9062	0,0316	1,1124	0,007344	0,004356	0,007129	498,6	0,0028	1,6861	1,6368	turb.	0,0266
0,8736	0,0415	1,1447	0,006200	0,003836	0,006359	453,0	0,0032	1,6160	1,6575	turb.	0,0249
0,8369	0,0521	1,1812	0,005456	0,003449	0,005753	417,2	0,0035	1,5820	1,6683	turb.	0,0240
0,7966	0,0629	1,2102	0,004707	0,003044	0,005115	378,7	0,0038	1,5462	1,6803	turb.	0,0230
0,7529	0,0738	1,2439	0,004197	0,002737	0,004611	347,7	0,0039	1,5333	1,6848	turb.	0,0225
0,7063	0,0843	1,2708	0,003738	0,002448	0,004129	317,5	0,0041	1,5270	1,6870	turb.	0,0222
0,6574	0,0942	1,2973	0,003284	0,002157	0,003643	286,2	0,0042	1,5224	1,6886	turb.	0,0218
0,6067	0,1033	1,3266	0,002972	0,001929	0,003245	260,2	0,0042	1,5407	1,6822	turb.	0,0219
0,5548	0,1112	1,3490	0,002661	0,001694	0,002833	232,9	0,0041	1,5707	1,6722	turb.	0,0222
0,5022	0,1179	1,3751	0,002416	0,001480	0,002447	207,5	0,0038	1,6319	1,6529	turb.	0,0230
0,4494	0,1232	1,4022	0,002320	0,001303	0,002101	185,7	0,0031	1,7807	1,6123	turb.	0,0256
0,3972	0,1269	1,4261	0,002267	0,001106	0,001721	162,1	0,0021	2,0494	1,5558	turb.	0,0309
0,3460	0,1292	1,4660	0,002676	0,000848	0,001298	130,7	0,0014	3,1567	1,5314	lam.	0,0373
0,2964	0,1298	1,5430	0,001602	0,000653	0,001038	104,3	0,0051	2,4528	1,5893	lam.	0,0198
0,2467	0,1266	1,5960	0,001359	0,000571	0,000914	89,6	0,0066	2,3785	1,5991	lam.	0,0174
0,2002	0,1183	1,5667	0,001183	0,000507	0,000815	76,5	0,0082	2,3320	1,6056	lam.	0,0156
0,1576	0,1061	1,5064	0,001059	0,000457	0,000735	64,8	0,0099	2,3157	1,6080	lam.	0,0142
0,1193	0,0910	1,4161	0,000952	0,000410	0,000659	53,6	0,0119	2,3218	1,6071	lam.	0,0130
0,0860	0,0744	1,3076	0,000815	0,000354	0,000569	42,2	0,0155	2,3030	1,6098	lam.	0,0114
0,0578	0,0575	1,1915	0,000686	0,000297	0,000479	31,1	0,0209	2,3061	1,6094	lam.	0,0098
0,0350	0,0412	1,0470	0,000507	0,000223	0,000360	19,8	0,0343	2,2726	1,6144	lam.	0,0076
0,0177	0,0267	0,8844	0,000296	0,000132	0,000215	8,5	0,0842	2,2354	1,6201	lam.	0,0049
0,0061	0,0146	0,6386	0,000126	0,000056	0,000091	0,8	0,0001	2,2364	1,6200	lam.	0,1414
0,0002	0,0056	0,1229	0,000001	0,000000	0,000001	0,0	0,0000	2,2364	1,6200	lam.	0,0000
0,0000	0,0000	1,2777	0,000102	0,000046	0,000074	1,1	0,0001	2,2364	1,6200	lam.	0,1414
0,0053	-0,0020	1,5409	0,000205	0,000092	0,000148	6,9	0,1036	2,2361	1,6200	lam.	0,0044
0,0157	-0,0003	1,2286	0,000619	0,001605	0,000323	197,2	0,0000	0,3860	0,2012	lam.	0,0000
0,0312	0,0046	1,0654	0,000619	0,001605	0,000323	171,0	0,0000	0,3860	0,2012	abgel.	0,0000
0,0515	0,0123	0,9435	0,000619	0,001605	0,000323	151,4	0,0000	0,3860	0,2012	abgel.	0,0000
0,0762	0,0219	0,8573	0,000619	0,001605	0,000323	137,6	0,0000	0,3860	0,2012	abgel.	0,0000
0,1050	0,0326	0,7915	0,000619	0,001605	0,000323	127,0	0,0000	0,3860	0,2012	abgel.	0,0000
0,1375	0,0436	0,7348	0,000619	0,001605	0,000323	117,9	0,0000	0,3860	0,2012	abgel.	0,0000
0,1733	0,0537	0,6973	0,000619	0,001605	0,000323	111,9	0,0000	0,3860	0,2012	abgel.	0,0000
0,2120	0,0621	0,6712	0,000619	0,001605	0,000323	107,7	0,0000	0,3860	0,2012	abgel.	0,0000
0,2533	0,0679	0,6598	0,000619	0,001605	0,000323	105,9	0,0000	0,3860	0,2012	abgel.	0,0000
0,2969	0,0702	0,6835	0,000619	0,001605	0,000323	109,7	0,0000	0,3860	0,2012	abgel.	0,0000

0,3449	0,0700	0,7246	0,000619	0,001605	0,000323	116,3	0,0000	0,3860	0,2012	abgel.	0,0000
0,3949	0,0693	0,7384	0,000619	0,001605	0,000323	118,5	0,0000	0,3860	0,2012	abgel.	0,0000
0,4461	0,0679	0,7489	0,000619	0,001605	0,000323	120,2	0,0000	0,3860	0,2012	abgel.	0,0000
0,4978	0,0658	0,7548	0,000619	0,001605	0,000323	121,1	0,0000	0,3860	0,2012	abgel.	0,0000
0,5497	0,0628	0,7626	0,000619	0,001605	0,000323	122,4	0,0000	0,3860	0,2012	abgel.	0,0000
0,6012	0,0590	0,7698	0,000619	0,001605	0,000323	123,5	0,0000	0,3860	0,2012	abgel.	0,0000
0,6516	0,0545	0,7759	0,000619	0,001605	0,000323	124,5	0,0000	0,3860	0,2012	abgel.	0,0000
0,7004	0,0493	0,7844	0,000619	0,001605	0,000323	125,9	0,0000	0,3860	0,2012	abgel.	0,0000
0,7471	0,0436	0,7922	0,000619	0,001605	0,000323	127,1	0,0000	0,3860	0,2012	abgel.	0,0000
0,7912	0,0375	0,8028	0,000619	0,001605	0,000323	128,8	0,0000	0,3860	0,2012	abgel.	0,0000
0,8322	0,0313	0,8108	0,000619	0,001605	0,000323	130,1	0,0000	0,3860	0,2012	abgel.	0,0000
0,8695	0,0251	0,8227	0,000619	0,001605	0,000323	132,0	0,0000	0,3860	0,2012	abgel.	0,0000
0,9028	0,0192	0,8326	0,000619	0,001605	0,000323	133,6	0,0000	0,3860	0,2012	abgel.	0,0000
0,9317	0,0138	0,8419	0,000619	0,001605	0,000323	135,1	0,0000	0,3860	0,2012	abgel.	0,0000
0,9558	0,0091	0,8472	0,000619	0,001605	0,000323	136,0	0,0000	0,3860	0,2012	abgel.	0,0000
0,9749	0,0052	0,8536	0,000619	0,001605	0,000323	137,0	0,0000	0,3860	0,2012	abgel.	0,0000
0,9887	0,0024	0,8290	0,000619	0,001605	0,000323	133,1	0,0000	0,3860	0,2012	abgel.	0,0000
0,9970	0,0006	0,7729	0,000619	0,001605	0,000323	124,0	0,0000	0,3860	0,2012	abgel.	0,0000
1,0000	0,0000	0,1068	0,000619	0,001605	0,000323	17,1	0,0000	0,3860	0,2012	abgel.	0,0000

α	Ca	Cw	Cm 0.25	T.U.	T.L.	S.U.	S.L.	GZ	N.P.	D.P.
[°]	[-]	[-]	[-]	[-]	[-]	[-]	[-]	[-]	[-]	[-]
-29,0	-0,025	0,32377	-0,095	0,921	0,005	0,966	0,027	-0,076	0,786	-3,594
-28,0	-0,026	0,30395	-0,094	0,919	0,005	0,967	0,027	-0,087	0,731	-3,330
-27,0	-0,028	0,28549	-0,093	0,917	0,005	0,968	0,027	-0,098	0,598	-3,084
-26,0	-0,030	0,26507	-0,093	0,916	0,005	0,968	0,027	-0,113	0,533	-2,858
-25,0	-0,032	0,24660	-0,092	0,914	0,005	0,968	0,027	-0,129	0,500	-2,643
-24,0	-0,034	0,23586	-0,092	0,911	0,004	0,969	0,026	-0,145	0,474	-2,444
-23,0	-0,036	0,21726	-0,091	0,909	0,005	0,970	0,026	-0,168	0,514	-2,255
-22,0	-0,039	0,20095	-0,091	0,906	0,005	0,972	0,026	-0,194	0,473	-2,076
-21,0	-0,042	0,18863	-0,090	0,897	0,004	0,975	0,025	-0,221	0,443	-1,918
-20,0	-0,044	0,17404	-0,090	0,889	0,004	0,977	0,025	-0,255	0,510	-1,771
-19,0	-0,047	0,16083	-0,089	0,881	0,004	0,977	0,024	-0,293	0,502	-1,635
-18,0	-0,050	0,14799	-0,088	0,874	0,004	0,978	0,023	-0,336	0,553	-1,521
-17,0	-0,052	0,13586	-0,087	0,864	0,004	0,979	0,022	-0,384	0,822	-1,420
-16,0	-0,054	0,12478	-0,086	0,855	0,003	0,979	0,020	-0,434	1,033	-1,334
-15,0	-0,055	0,11525	-0,085	0,847	0,003	0,980	0,019	-0,478	14,585	-1,293
-14,0	-0,054	0,10231	-0,082	0,840	0,004	0,980	0,016	-0,531	-0,566	-1,263
-13,0	-0,051	0,12304	-0,082	0,818	0,003	0,982	0,016	-0,415	0,058	-1,350
-12,0	-0,044	0,10397	-0,080	0,798	0,003	0,983	0,014	-0,422	0,149	-1,580
-11,0	-0,031	0,09317	-0,080	0,781	0,002	0,984	0,013	-0,328	0,196	-2,358
-10,0	-0,009	0,08077	-0,078	0,767	0,002	0,984	0,012	-0,106	0,207	-8,896
-9,0	0,025	0,06788	-0,077	0,754	0,003	0,985	0,011	0,375	0,220	3,285
-8,0	0,075	0,05929	-0,076	0,722	0,002	0,986	0,010	1,267	0,222	1,258

-7,0	0,143	0,05218	-0,074	0,687	0,002	0,987	0,009	2,749	0,230	0,766
-6,0	0,231	0,04645	-0,073	0,652	0,002	0,988	0,008	4,978	0,220	0,564
-5,0	0,336	0,04300	-0,068	0,626	0,001	0,989	0,005	7,814	0,246	0,453
-4,0	0,452	0,03860	-0,072	0,335	0,002	0,987	0,007	11,715	0,294	0,409
-3,0	0,572	0,03469	-0,079	0,326	0,003	0,988	0,011	16,492	0,277	0,388
-2,0	0,688	0,03231	-0,078	0,318	0,006	0,989	0,010	21,278	0,266	0,364
-1,0	0,794	0,03199	-0,082	0,311	0,007	0,990	0,012	24,806	0,299	0,354
0,0	1,108	0,00751	-0,099	0,306	0,008	0,991	0,029	147,504	0,529	0,339
1,0	1,221	0,00928	-0,202	0,301	0,011	0,991	0,999	131,618	0,713	0,415
2,0	1,334	0,00974	-0,203	0,296	0,028	0,992	0,999	136,847	0,266	0,403
3,0	1,446	0,01037	-0,205	0,289	0,049	0,996	1,000	139,534	0,267	0,392
4,0	1,559	0,01235	-0,207	0,282	0,095	1,000	1,000	126,274	0,268	0,383
5,0	1,670	0,01298	-0,209	0,276	0,132	1,000	1,000	128,673	0,267	0,375
6,0	1,779	0,01317	-0,211	0,272	0,999	1,000	0,999	135,034	0,257	0,369
7,0	1,851	0,02104	-0,211	0,004	0,999	0,938	0,999	87,957	0,254	0,364
8,0	1,913	0,02316	-0,212	0,002	0,999	0,917	0,999	82,579	0,270	0,361
9,0	1,950	0,02579	-0,213	0,001	0,999	0,890	0,999	75,613	0,647	0,359
10,0	1,576	0,06088	-0,078	0,001	0,999	0,006	1,000	25,887	0,545	0,300
11,0	1,500	0,07096	-0,080	0,000	1,000	0,006	1,000	21,135	0,253	0,303
12,0	1,379	0,08152	-0,077	0,000	1,000	0,005	1,000	16,913	0,274	0,306
13,0	1,229	0,09446	-0,073	0,000	1,000	0,003	1,000	13,008	0,257	0,309
14,0	1,068	0,10739	-0,075	0,000	1,000	0,004	1,000	9,947	0,235	0,320
15,0	0,912	0,12433	-0,078	0,000	1,000	0,004	1,000	7,336	0,235	0,335
16,0	0,770	0,13830	-0,080	0,000	1,000	0,005	1,000	5,566	0,226	0,354
17,0	0,646	0,15785	-0,084	0,000	1,000	0,006	1,000	4,093	0,218	0,380
18,0	0,541	0,17705	-0,087	0,000	1,000	0,006	1,000	3,058	0,156	0,411
19,0	0,455	0,17224	-0,102	0,000	1,000	0,013	1,000	2,643	0,136	0,474
20,0	0,384	0,18923	-0,105	0,000	1,000	0,014	1,000	2,027	0,180	0,524
21,0	0,325	0,20418	-0,111	0,000	0,999	0,018	1,000	1,592	0,139	0,592
22,0	0,277	0,22128	-0,117	0,000	0,998	0,022	0,999	1,252	0,113	0,672
23,0	0,238	0,23974	-0,123	0,000	0,998	0,027	0,999	0,991	0,132	0,769
24,0	0,205	0,25752	-0,125	0,000	0,998	0,028	0,999	0,795	0,197	0,863
25,0	0,177	0,27884	-0,126	0,000	0,998	0,027	0,999	0,636	0,178	0,962
26,0	0,155	0,30040	-0,129	0,000	0,998	0,029	0,999	0,515	0,127	1,084
27,0	0,136	0,32544	-0,132	0,000	0,998	0,030	0,999	0,417	0,115	1,219
28,0	0,120	0,34331	-0,134	0,000	0,998	0,031	0,999	0,349	0,115	1,368
29,0	0,106	0,36805	-0,136	0,000	0,998	0,031	0,999	0,288	0,105	1,528
30,0	0,094	0,39334	-0,137	0,000	0,998	0,032	0,999	0,240	0,093	1,705

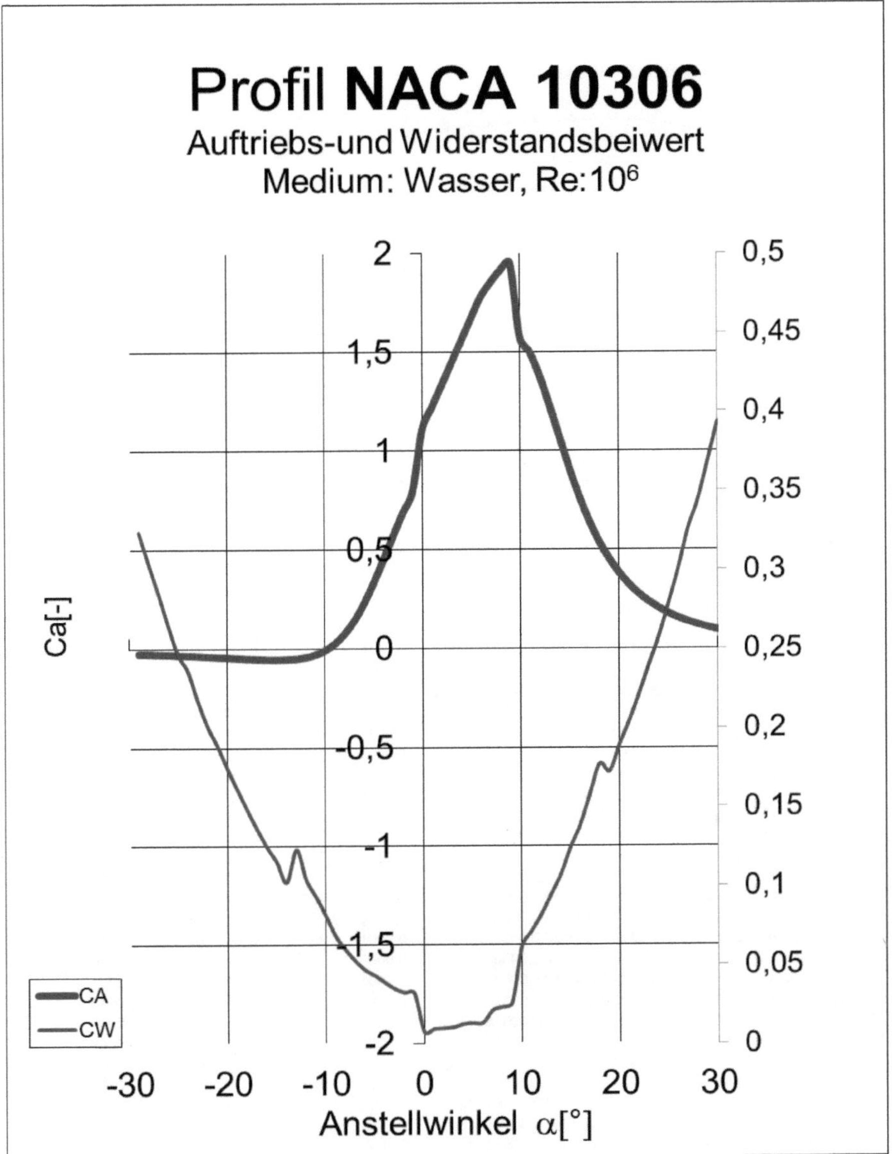
Profil NACA 10306
Auftriebs-und Widerstandsbeiwert
Medium: Wasser, Re:10⁶
Ca[-]
2
1,5
1
0,5
0
-0,5
-1
-1,5
-2
0,5
0,45
0,4
0,35
0,3
0,25
0,2
0,15
0,1
0,05
0
CA
CW
-30
-20
-10
0
10
20
30
Anstellwinkel α[°]

NACA 8309   Re 1000000   Wasser

x/l	y/l	v/V	δ_1	δ_2	δ_3	Reδ_2	C_f	H_12	H_32	Zust.	y1
[-]	[-]	[-]	[-]	[-]	[-]	[-]	[-]	[-]	[-]	[-]	[%]
1,0000	0,0000	0,1406	0,021280	0,009281	0,011092	130,5	0,0000	2,2929	1,1951	abgel.	0,0000
0,9975	0,0009	0,7365	0,021280	0,009281	0,011092	683,9	0,0000	2,2929	1,1951	abgel.	0,0000
0,9895	0,0036	0,8915	0,021280	0,009281	0,011092	827,8	0,0000	2,2929	1,1951	abgel.	0,0000
0,9763	0,0080	0,9593	0,021280	0,009281	0,011092	890,8	0,0000	2,2929	1,1951	turb.	0,0000
0,9579	0,0139	0,9995	0,010595	0,005564	0,008810	583,7	0,0019	1,9044	1,5836	turb.	0,0321
0,9346	0,0213	1,0485	0,008889	0,004974	0,008010	536,4	0,0024	1,7870	1,6103	turb.	0,0291
0,9065	0,0297	1,0778	0,007291	0,004343	0,007117	484,4	0,0029	1,6790	1,6389	turb.	0,0264
0,8740	0,0391	1,1149	0,006247	0,003861	0,006397	443,1	0,0032	1,6180	1,6569	turb.	0,0249
0,8374	0,0491	1,1475	0,005420	0,003439	0,005744	405,4	0,0035	1,5760	1,6703	turb.	0,0238
0,7971	0,0594	1,1786	0,004812	0,003095	0,005193	373,2	0,0037	1,5544	1,6775	turb.	0,0231
0,7534	0,0697	1,2054	0,004238	0,002760	0,004648	340,7	0,0039	1,5355	1,6840	turb.	0,0225
0,7069	0,0798	1,2341	0,003743	0,002454	0,004141	309,8	0,0041	1,5254	1,6875	turb.	0,0221
0,6580	0,0894	1,2616	0,003337	0,002186	0,003689	281,5	0,0042	1,5262	1,6873	turb.	0,0218
0,6073	0,0982	1,2871	0,002979	0,001936	0,003259	254,1	0,0042	1,5382	1,6831	turb.	0,0218
0,5553	0,1060	1,3120	0,002684	0,001709	0,002857	228,3	0,0041	1,5709	1,6721	turb.	0,0221
0,5026	0,1126	1,3355	0,002431	0,001490	0,002464	203,1	0,0038	1,6311	1,6531	turb.	0,0229
0,4498	0,1179	1,3621	0,002308	0,001305	0,002108	181,1	0,0031	1,7687	1,6154	turb.	0,0253
0,3974	0,1217	1,3875	0,002323	0,001125	0,001747	159,8	0,0021	2,0654	1,5530	turb.	0,0312
0,3462	0,1240	1,4203	0,002661	0,000880	0,001354	130,9	0,0018	3,0226	1,5382	lam.	0,0334
0,2964	0,1247	1,4867	0,001764	0,000702	0,001110	107,3	0,0046	2,5136	1,5817	lam.	0,0209
0,2461	0,1219	1,5285	0,001445	0,000603	0,000963	91,5	0,0063	2,3963	1,5967	lam.	0,0178
0,1990	0,1147	1,5162	0,001267	0,000536	0,000858	78,6	0,0076	2,3650	1,6010	lam.	0,0162
0,1559	0,1038	1,4672	0,001115	0,000475	0,000762	66,6	0,0093	2,3451	1,6038	lam.	0,0147
0,1173	0,0903	1,3989	0,000969	0,000416	0,000667	54,6	0,0115	2,3313	1,6057	lam.	0,0132
0,0837	0,0752	1,3122	0,000831	0,000358	0,000575	43,3	0,0147	2,3226	1,6070	lam.	0,0117
0,0555	0,0595	1,2060	0,000672	0,000292	0,000469	31,5	0,0207	2,3062	1,6094	lam.	0,0098
0,0328	0,0441	1,0791	0,000505	0,000222	0,000359	20,5	0,0333	2,2735	1,6143	lam.	0,0078
0,0159	0,0299	0,9137	0,000306	0,000137	0,000221	9,1	0,0780	2,2356	1,6201	lam.	0,0051
0,0048	0,0176	0,6689	0,000113	0,000050	0,000082	0,9	0,0001	2,2364	1,6200	lam.	0,1414
-0,0005	0,0075	0,1556	0,000001	0,000000	0,000001	0,0	0,0000	2,2364	1,6200	lam.	0,0000
0,0000	0,0000	0,8407	0,000111	0,000050	0,000081	1,1	0,0001	2,2364	1,6200	lam.	0,1414
0,0059	-0,0046	1,3348	0,000215	0,000096	0,000156	8,1	0,0884	2,2354	1,6201	lam.	0,0048
0,0170	-0,0061	1,2419	0,000250	0,000111	0,000180	15,1	0,0471	2,2424	1,6191	lam.	0,0065
0,0330	-0,0049	1,1306	0,000797	0,000262	0,000402	32,5	0,0070	3,0462	1,5367	lam.	0,0169
0,0536	-0,0013	1,0296	0,001567	0,001546	0,000811	159,2	0,0000	1,0136	0,5248	turb.	0,0000
0,0785	0,0040	0,9571	0,001567	0,001546	0,000811	148,0	0,0000	1,0136	0,5248	abgel.	0,0000
0,1073	0,0105	0,8935	0,001567	0,001546	0,000811	138,2	0,0000	1,0136	0,5248	abgel.	0,0000
0,1396	0,0174	0,8453	0,001567	0,001546	0,000811	130,7	0,0000	1,0136	0,5248	abgel.	0,0000
0,1750	0,0240	0,8095	0,001567	0,001546	0,000811	125,2	0,0000	1,0136	0,5248	abgel.	0,0000
0,2132	0,0297	0,7809	0,001567	0,001546	0,000811	120,8	0,0000	1,0136	0,5248	abgel.	0,0000
0,2539	0,0336	0,7722	0,001567	0,001546	0,000811	119,4	0,0000	1,0136	0,5248	abgel.	0,0000
0,2969	0,0353	0,7872	0,001567	0,001546	0,000811	121,7	0,0000	1,0136	0,5248	abgel.	0,0000

0,3448	0,0353	0,8209	0,001567	0,001546	0,000811	126,9	0,0000	1,0136	0,5248	abgel.	0,0000
0,3947	0,0352	0,8310	0,001567	0,001546	0,000811	128,5	0,0000	1,0136	0,5248	abgel.	0,0000
0,4457	0,0350	0,8318	0,001567	0,001546	0,000811	128,6	0,0000	1,0136	0,5248	abgel.	0,0000
0,4974	0,0343	0,8360	0,001567	0,001546	0,000811	129,3	0,0000	1,0136	0,5248	abgel.	0,0000
0,5492	0,0332	0,8380	0,001567	0,001546	0,000811	129,6	0,0000	1,0136	0,5248	abgel.	0,0000
0,6006	0,0317	0,8372	0,001567	0,001546	0,000811	129,5	0,0000	1,0136	0,5248	abgel.	0,0000
0,6510	0,0296	0,8411	0,001567	0,001546	0,000811	130,1	0,0000	1,0136	0,5248	abgel.	0,0000
0,6998	0,0271	0,8429	0,001567	0,001546	0,000811	130,4	0,0000	1,0136	0,5248	abgel.	0,0000
0,7466	0,0242	0,8459	0,001567	0,001546	0,000811	130,8	0,0000	1,0136	0,5248	abgel.	0,0000
0,7907	0,0210	0,8494	0,001567	0,001546	0,000811	131,4	0,0000	1,0136	0,5248	abgel.	0,0000
0,8317	0,0176	0,8544	0,001567	0,001546	0,000811	132,1	0,0000	1,0136	0,5248	abgel.	0,0000
0,8691	0,0142	0,8577	0,001567	0,001546	0,000811	132,6	0,0000	1,0136	0,5248	abgel.	0,0000
0,9025	0,0109	0,8619	0,001567	0,001546	0,000811	133,3	0,0000	1,0136	0,5248	abgel.	0,0000
0,9315	0,0079	0,8599	0,001567	0,001546	0,000811	133,0	0,0000	1,0136	0,5248	abgel.	0,0000
0,9556	0,0052	0,8612	0,001567	0,001546	0,000811	133,2	0,0000	1,0136	0,5248	abgel.	0,0000
0,9748	0,0030	0,8522	0,001567	0,001546	0,000811	131,8	0,0000	1,0136	0,5248	abgel.	0,0000
0,9886	0,0014	0,8193	0,001567	0,001546	0,000811	126,7	0,0000	1,0136	0,5248	abgel.	0,0000
0,9970	0,0003	0,7525	0,001567	0,001546	0,000811	116,4	0,0000	1,0136	0,5248	abgel.	0,0000
1,0000	0,0000	0,1406	0,001567	0,001546	0,000811	21,7	0,0000	1,0136	0,5248	abgel.	0,0000

α	Ca	Cw	Cm 0.25	T.U.	T.L.	S.U.	S.L.	GZ	N.P.	D.P.
[°]	[-]	[-]	[-]	[-]	[-]	[-]	[-]	[-]	[-]	[-]
-29,0	-0,106	0,35318	-0,078	0,939	0,003	0,969	0,028	-0,300	0,365	-0,487
-28,0	-0,113	0,33858	-0,077	0,938	0,003	0,969	0,028	-0,334	0,371	-0,434
-27,0	-0,121	0,31730	-0,076	0,938	0,003	0,968	0,027	-0,380	0,357	-0,384
-26,0	-0,129	0,29958	-0,076	0,937	0,003	0,968	0,027	-0,430	0,353	-0,338
-25,0	-0,137	0,27582	-0,075	0,936	0,003	0,968	0,026	-0,498	0,356	-0,293
-24,0	-0,147	0,25850	-0,074	0,930	0,003	0,973	0,025	-0,568	0,323	-0,252
-23,0	-0,157	0,24662	-0,073	0,921	0,003	0,977	0,025	-0,636	0,337	-0,217
-22,0	-0,168	0,22284	-0,072	0,914	0,003	0,978	0,023	-0,752	0,358	-0,180
-21,0	-0,179	0,21329	-0,071	0,907	0,002	0,979	0,022	-0,838	0,327	-0,147
-20,0	-0,190	0,19597	-0,070	0,899	0,003	0,980	0,021	-0,970	0,363	-0,120
-19,0	-0,201	0,17911	-0,068	0,892	0,003	0,981	0,019	-1,124	0,417	-0,090
-18,0	-0,212	0,19938	-0,067	0,886	0,003	0,982	0,017	-1,063	0,379	-0,064
-17,0	-0,222	0,17308	-0,066	0,879	0,002	0,982	0,016	-1,281	0,349	-0,047
-16,0	-0,229	0,16544	-0,065	0,872	0,002	0,983	0,015	-1,385	0,470	-0,033
-15,0	-0,233	0,14154	-0,063	0,859	0,002	0,984	0,013	-1,648	0,682	-0,021
-14,0	-0,232	0,12633	-0,064	0,847	0,002	0,985	0,013	-1,839	0,287	-0,023
-13,0	-0,224	0,10889	-0,064	0,834	0,003	0,985	0,013	-2,061	0,257	-0,033
-12,0	-0,207	0,09262	-0,064	0,817	0,003	0,986	0,013	-2,240	0,269	-0,057
-11,0	-0,179	0,08156	-0,064	0,802	0,003	0,987	0,014	-2,198	0,268	-0,109
-10,0	-0,138	0,07107	-0,065	0,775	0,004	0,988	0,014	-1,942	0,238	-0,220
-9,0	-0,083	0,06152	-0,063	0,746	0,005	0,990	0,012	-1,348	0,232	-0,513
-8,0	-0,014	0,05377	-0,063	0,720	0,006	0,990	0,012	-0,266	0,256	-4,133
-7,0	0,066	0,04768	-0,064	0,693	0,007	0,990	0,013	1,388	0,271	1,219
-6,0	0,156	0,04218	-0,066	0,665	0,007	0,990	0,015	3,700	0,267	0,675
-5,0	0,250	0,03768	-0,067	0,628	0,008	0,990	0,015	6,632	0,295	0,519

-4,0	0,347	0,03395	-0,075	0,584	0,009	0,990	0,025	10,236	0,346	0,466
-3,0	0,449	0,03173	-0,086	0,337	0,010	0,990	0,049	14,143	0,436	0,442
-2,0	0,570	0,02230	-0,116	0,326	0,011	0,989	0,211	25,565	0,460	0,454
-1,0	0,799	0,00823	-0,160	0,318	0,014	0,990	0,998	97,069	0,381	0,450
0,0	0,915	0,00752	-0,161	0,311	0,025	0,990	0,998	121,688	0,262	0,426
1,0	1,031	0,00772	-0,163	0,306	0,039	0,989	0,999	133,562	0,263	0,408
2,0	1,146	0,00795	-0,164	0,300	0,070	0,989	0,999	144,114	0,264	0,393
3,0	1,261	0,00830	-0,166	0,292	0,104	0,988	0,999	151,806	0,264	0,382
4,0	1,374	0,00769	-0,167	0,282	0,998	0,986	0,998	178,688	0,265	0,372
5,0	1,486	0,00827	-0,169	0,274	0,998	0,984	0,998	179,612	0,266	0,364
6,0	1,597	0,00890	-0,171	0,268	0,998	0,982	0,998	179,414	0,266	0,357
7,0	1,706	0,01260	-0,173	0,262	0,998	0,978	0,998	135,330	0,268	0,351
8,0	1,791	0,01342	-0,174	0,256	0,998	0,970	0,999	133,485	0,256	0,347
9,0	1,834	0,02347	-0,173	0,004	0,999	0,889	0,999	78,122	0,249	0,345
10,0	1,876	0,02627	-0,174	0,003	0,999	0,860	0,999	71,428	0,277	0,343
11,0	1,895	0,02958	-0,175	0,002	0,999	0,826	0,999	64,066	0,344	0,342
12,0	1,889	0,03367	-0,176	0,001	0,999	0,786	0,999	56,103	0,235	0,343
13,0	1,857	0,03872	-0,176	0,001	0,999	0,741	1,000	47,956	0,247	0,345
14,0	1,804	0,04449	-0,176	0,001	0,999	0,698	1,000	40,548	0,251	0,347
15,0	1,730	0,05191	-0,176	0,001	1,000	0,650	1,000	33,324	0,258	0,351
16,0	1,630	0,06147	-0,174	0,000	1,000	0,590	1,000	26,517	0,471	0,357
17,0	1,317	0,13797	-0,084	0,000	1,000	0,014	1,000	9,546	0,497	0,314
18,0	1,199	0,15424	-0,068	0,000	1,000	0,005	1,000	7,775	0,312	0,307
19,0	1,084	0,17236	-0,070	-0,000	1,000	0,005	1,000	6,289	0,247	0,314
20,0	0,973	0,19491	-0,069	-0,000	1,000	0,004	1,000	4,990	0,247	0,321
21,0	0,869	0,21522	-0,070	-0,000	1,000	0,005	1,000	4,036	0,190	0,331
22,0	0,774	0,23940	-0,081	-0,000	1,000	0,008	1,000	3,234	0,148	0,354
23,0	0,689	0,26150	-0,089	-0,000	1,000	0,013	1,000	2,637	0,186	0,379
24,0	0,613	0,28103	-0,091	-0,000	1,000	0,013	1,000	2,183	0,223	0,398
25,0	0,546	0,31035	-0,092	-0,000	1,000	0,014	1,000	1,760	0,231	0,419
26,0	0,487	0,33550	-0,093	-0,000	1,000	0,013	1,000	1,452	0,224	0,441
27,0	0,435	0,35540	-0,095	-0,000	1,000	0,014	1,000	1,225	0,210	0,469
28,0	0,390	0,38515	-0,097	-0,000	0,999	0,014	1,000	1,013	0,205	0,499
29,0	0,351	0,40831	-0,099	-0,000	0,999	0,015	0,999	0,859	0,198	0,533
30,0	0,316	0,43224	-0,101	-0,000	0,998	0,016	0,999	0,731	0,201	0,569

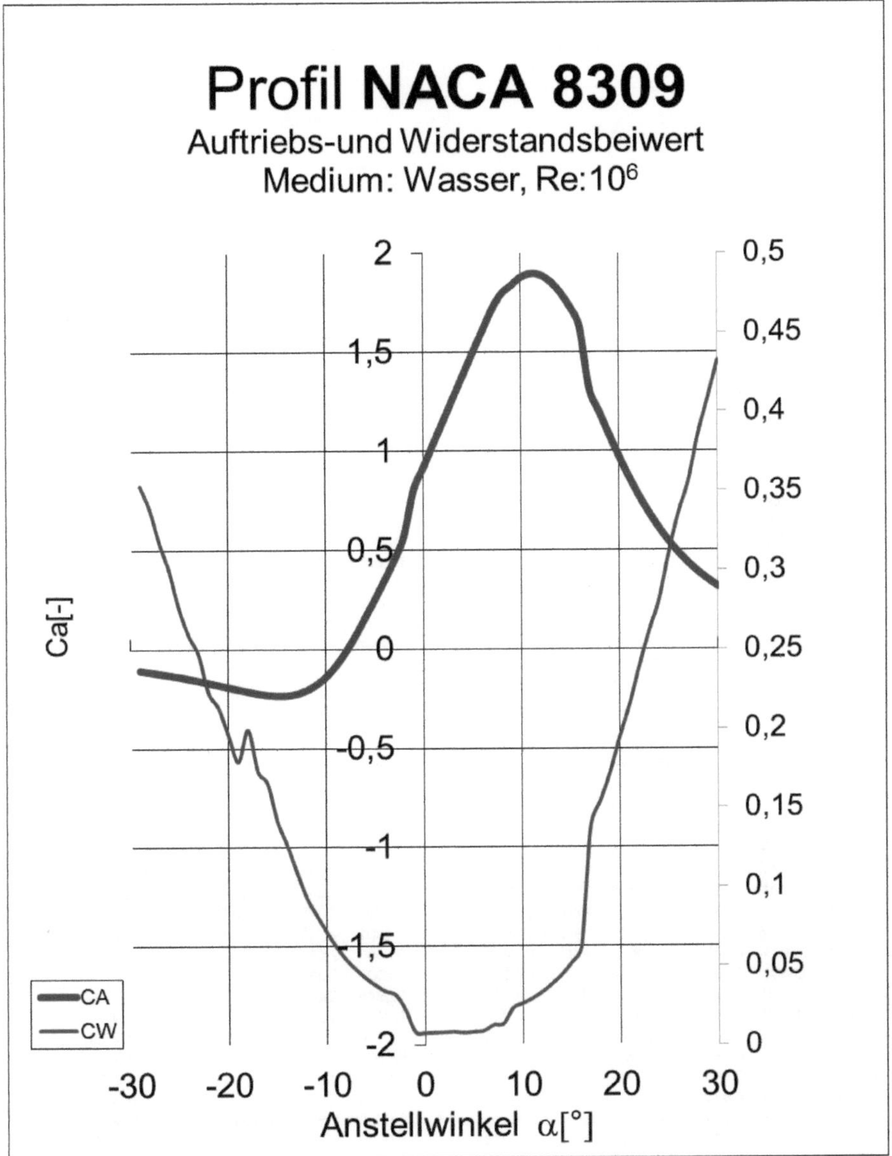
Profil NACA 8309
Auftriebs-und Widerstandsbeiwert
Medium: Wasser, Re:10⁶
Ca[-]
2
1,5
1
0,5
0
-0,5
-1
-1,5
-2
0,5
0,45
0,4
0,35
0,3
0,25
0,2
0,15
0,1
0,05
0
CA
CW
-30
-20
-10
0
10
20
30
Anstellwinkel α[°]

NACA 10309   Re 1000000   Wasser

x/l	y/l	v/V	δ_1	δ_2	δ_3	$Re\delta_2$	C_f	H_{12}	H_{32}	Zust.	y1
[-]	[-]	[-]	[-]	[-]	[-]	[-]	[-]	[-]	[-]	[-]	[%]
1,0000	0,0000	0,1541	0,020935	0,010890	0,010859	168,0	0,0000	1,9224	0,9971	abgel.	0,0000
0,9976	0,0011	0,7438	0,020935	0,010890	0,010859	810,9	0,0000	1,9224	0,9971	abgel.	0,0000
0,9896	0,0042	0,8892	0,020935	0,010890	0,010859	969,4	0,0000	1,9224	0,9971	abgel.	0,0000
0,9765	0,0093	0,9611	0,020935	0,010890	0,010859	1047,7	0,0000	1,9224	0,9971	abgel.	0,0000
0,9582	0,0163	1,0191	0,020935	0,010890	0,010859	1110,9	0,0000	1,9224	0,9971	turb.	0,0000
0,9349	0,0248	1,0580	0,010412	0,005419	0,008561	598,4	0,0019	1,9216	1,5800	turb.	0,0326
0,9070	0,0347	1,1032	0,008495	0,004758	0,007665	542,5	0,0024	1,7851	1,6108	turb.	0,0291
0,8746	0,0456	1,1395	0,006926	0,004125	0,006760	487,2	0,0029	1,6791	1,6389	turb.	0,0264
0,8381	0,0573	1,1804	0,005883	0,003632	0,006016	442,2	0,0032	1,6197	1,6564	turb.	0,0249
0,7979	0,0693	1,2162	0,005107	0,003224	0,005377	403,2	0,0035	1,5839	1,6677	turb.	0,0239
0,7543	0,0813	1,2493	0,004465	0,002861	0,004794	367,1	0,0037	1,5604	1,6755	turb.	0,0232
0,7078	0,0930	1,2815	0,003922	0,002536	0,004260	333,2	0,0039	1,5467	1,6801	turb.	0,0227
0,6589	0,1041	1,3132	0,003454	0,002238	0,003763	301,0	0,0040	1,5433	1,6813	turb.	0,0223
0,6081	0,1143	1,3438	0,003074	0,001976	0,003315	271,4	0,0040	1,5553	1,6773	turb.	0,0223
0,5561	0,1233	1,3721	0,002705	0,001715	0,002865	241,1	0,0040	1,5767	1,6702	turb.	0,0224
0,5032	0,1310	1,4045	0,002478	0,001505	0,002480	215,5	0,0037	1,6467	1,6484	turb.	0,0234
0,4503	0,1370	1,4304	0,002274	0,001288	0,002081	189,0	0,0031	1,7659	1,6161	turb.	0,0253
0,3978	0,1414	1,4660	0,002320	0,001118	0,001734	167,7	0,0020	2,0754	1,5511	turb.	0,0316
0,3463	0,1439	1,4985	0,002647	0,000843	0,001292	133,7	0,0014	3,1387	1,5322	lam.	0,0372
0,2963	0,1447	1,5831	0,001598	0,000650	0,001033	106,6	0,0050	2,4580	1,5886	lam.	0,0200
0,2451	0,1413	1,6369	0,001349	0,000567	0,000907	91,3	0,0065	2,3789	1,5991	lam.	0,0176
0,1973	0,1324	1,6079	0,001169	0,000502	0,000806	77,7	0,0081	2,3288	1,6061	lam.	0,0157
0,1536	0,1192	1,5449	0,001051	0,000453	0,000728	65,8	0,0097	2,3198	1,6074	lam.	0,0143
0,1148	0,1029	1,4490	0,000931	0,000402	0,000647	53,8	0,0119	2,3158	1,6079	lam.	0,0129
0,0812	0,0849	1,3377	0,000801	0,000348	0,000560	42,2	0,0155	2,3034	1,6098	lam.	0,0114
0,0531	0,0664	1,2109	0,000663	0,000290	0,000467	30,8	0,0216	2,2902	1,6118	lam.	0,0096
0,0308	0,0485	1,0585	0,000498	0,000220	0,000356	19,2	0,0360	2,2637	1,6157	lam.	0,0075
0,0143	0,0322	0,8701	0,000301	0,000135	0,000218	8,1	0,0884	2,2352	1,6202	lam.	0,0048
0,0037	0,0184	0,5984	0,000176	0,000079	0,000128	0,6	0,0001	2,2364	1,6200	lam.	0,1414
-0,0010	0,0075	0,0482	0,000001	0,000000	0,000001	0,0	0,0000	2,2364	1,6200	lam.	0,0000
0,0000	0,0000	1,0010	0,000144	0,000064	0,000104	0,8	0,0001	2,2364	1,6200	lam.	0,1414
0,0065	-0,0039	1,4163	0,000205	0,000092	0,000149	7,6	0,0946	2,2352	1,6202	lam.	0,0046
0,0181	-0,0040	1,2430	0,000269	0,000119	0,000192	16,9	0,0414	2,2577	1,6167	lam.	0,0070
0,0346	-0,0009	1,1033	0,000933	0,001656	0,000483	182,9	0,0000	0,5633	0,2915	turb.	0,0000
0,0556	0,0050	0,9893	0,000933	0,001656	0,000483	164,0	0,0000	0,5633	0,2915	abgel.	0,0000
0,0808	0,0130	0,8989	0,000933	0,001656	0,000483	149,0	0,0000	0,5633	0,2915	abgel.	0,0000
0,1098	0,0222	0,8292	0,000933	0,001656	0,000483	137,5	0,0000	0,5633	0,2915	abgel.	0,0000
0,1421	0,0317	0,7745	0,000933	0,001656	0,000483	128,4	0,0000	0,5633	0,2915	abgel.	0,0000
0,1772	0,0406	0,7320	0,000933	0,001656	0,000483	121,3	0,0000	0,5633	0,2915	abgel.	0,0000
0,2149	0,0480	0,7057	0,000933	0,001656	0,000483	117,0	0,0000	0,5633	0,2915	abgel.	0,0000
0,2549	0,0532	0,6906	0,000933	0,001656	0,000483	114,5	0,0000	0,5633	0,2915	abgel.	0,0000
0,2970	0,0552	0,7162	0,000933	0,001656	0,000483	118,7	0,0000	0,5633	0,2915	abgel.	0,0000

0,3447	0,0552	0,7543	0,000933	0,001656	0,000483	125,0	0,0000	0,5633	0,2915	abgel.	0,0000
0,3943	0,0549	0,7658	0,000933	0,001656	0,000483	126,9	0,0000	0,5633	0,2915	abgel.	0,0000
0,4452	0,0541	0,7731	0,000933	0,001656	0,000483	128,2	0,0000	0,5633	0,2915	abgel.	0,0000
0,4968	0,0527	0,7788	0,000933	0,001656	0,000483	129,1	0,0000	0,5633	0,2915	abgel.	0,0000
0,5485	0,0507	0,7820	0,000933	0,001656	0,000483	129,6	0,0000	0,5633	0,2915	abgel.	0,0000
0,5998	0,0480	0,7856	0,000933	0,001656	0,000483	130,2	0,0000	0,5633	0,2915	abgel.	0,0000
0,6501	0,0446	0,7904	0,000933	0,001656	0,000483	131,0	0,0000	0,5633	0,2915	abgel.	0,0000
0,6989	0,0406	0,7946	0,000933	0,001656	0,000483	131,7	0,0000	0,5633	0,2915	abgel.	0,0000
0,7457	0,0360	0,8035	0,000933	0,001656	0,000483	133,2	0,0000	0,5633	0,2915	abgel.	0,0000
0,7899	0,0312	0,8065	0,000933	0,001656	0,000483	133,7	0,0000	0,5633	0,2915	abgel.	0,0000
0,8310	0,0261	0,8146	0,000933	0,001656	0,000483	135,0	0,0000	0,5633	0,2915	abgel.	0,0000
0,8685	0,0210	0,8219	0,000933	0,001656	0,000483	136,2	0,0000	0,5633	0,2915	abgel.	0,0000
0,9020	0,0161	0,8283	0,000933	0,001656	0,000483	137,3	0,0000	0,5633	0,2915	abgel.	0,0000
0,9311	0,0116	0,8316	0,000933	0,001656	0,000483	137,9	0,0000	0,5633	0,2915	abgel.	0,0000
0,9554	0,0076	0,8366	0,000933	0,001656	0,000483	138,7	0,0000	0,5633	0,2915	abgel.	0,0000
0,9746	0,0044	0,8277	0,000933	0,001656	0,000483	137,2	0,0000	0,5633	0,2915	abgel.	0,0000
0,9885	0,0020	0,8024	0,000933	0,001656	0,000483	133,0	0,0000	0,5633	0,2915	abgel.	0,0000
0,9969	0,0005	0,7224	0,000933	0,001656	0,000483	119,8	0,0000	0,5633	0,2915	abgel.	0,0000
1,0000	0,0000	0,1541	0,000933	0,001656	0,000483	25,5	0,0000	0,5633	0,2915	abgel.	0,0000

α	Ca	Cw	Cm 0.25	T.U.	T.L.	S.U.	S.L.	GZ	N.P.	D.P.
[°]	[-]	[-]	[-]	[-]	[-]	[-]	[-]	[-]	[-]	[-]
-29,0	-0,088	0,34601	-0,099	0,922	0,004	0,972	0,029	-0,254	0,485	-0,872
-28,0	-0,093	0,31906	-0,098	0,920	0,004	0,973	0,028	-0,292	0,452	-0,798
-27,0	-0,099	0,30755	-0,097	0,917	0,004	0,974	0,028	-0,320	0,451	-0,730
-26,0	-0,104	0,28409	-0,095	0,915	0,004	0,975	0,027	-0,367	0,430	-0,663
-25,0	-0,111	0,27050	-0,094	0,912	0,003	0,976	0,027	-0,409	0,414	-0,604
-24,0	-0,117	0,25149	-0,093	0,909	0,004	0,976	0,026	-0,465	0,451	-0,546
-23,0	-0,124	0,23354	-0,092	0,904	0,004	0,977	0,024	-0,530	0,421	-0,492
-22,0	-0,131	0,21953	-0,091	0,894	0,003	0,978	0,024	-0,595	0,398	-0,446
-21,0	-0,137	0,20316	-0,090	0,885	0,003	0,979	0,023	-0,676	0,492	-0,403
-20,0	-0,144	0,18549	-0,088	0,876	0,003	0,980	0,021	-0,776	0,530	-0,359
-19,0	-0,150	0,17679	-0,086	0,866	0,002	0,981	0,019	-0,848	0,533	-0,326
-18,0	-0,155	0,19419	-0,085	0,857	0,003	0,981	0,018	-0,796	0,561	-0,297
-17,0	-0,158	0,18012	-0,084	0,849	0,003	0,982	0,017	-0,875	1,039	-0,282
-16,0	-0,158	0,15950	-0,082	0,841	0,002	0,982	0,015	-0,990	-0,651	-0,269
-15,0	-0,154	0,14174	-0,081	0,827	0,002	0,983	0,014	-1,088	0,058	-0,273
-14,0	-0,145	0,12748	-0,080	0,813	0,002	0,984	0,013	-1,137	0,165	-0,299
-13,0	-0,128	0,11186	-0,079	0,799	0,002	0,984	0,012	-1,149	0,206	-0,361
-12,0	-0,103	0,09779	-0,078	0,777	0,002	0,985	0,012	-1,050	0,259	-0,507
-11,0	-0,066	0,08508	-0,079	0,757	0,003	0,985	0,013	-0,770	0,278	-0,957
-10,0	-0,015	0,07316	-0,080	0,730	0,002	0,986	0,013	-0,210	0,269	-4,965
-9,0	0,049	0,06415	-0,081	0,706	0,003	0,986	0,014	0,758	0,265	1,922
-8,0	0,126	0,05569	-0,082	0,676	0,004	0,987	0,015	2,264	0,242	0,902

-7,0	0,215	0,04798	-0,080	0,646	0,006	0,987	0,012	4,487	0,240	0,621
-6,0	0,313	0,04275	-0,080	0,613	0,007	0,987	0,012	7,332	0,254	0,506
-5,0	0,417	0,03939	-0,081	0,337	0,008	0,984	0,012	10,588	0,271	0,444
-4,0	0,521	0,03587	-0,085	0,328	0,008	0,985	0,015	14,527	0,280	0,412
-3,0	0,623	0,03315	-0,087	0,321	0,009	0,984	0,017	18,797	0,327	0,389
-2,0	0,728	0,03084	-0,100	0,315	0,009	0,984	0,033	23,599	0,435	0,388
-1,0	0,844	0,02664	-0,128	0,310	0,011	0,983	0,107	31,670	0,494	0,401
0,0	1,140	0,01109	-0,201	0,305	0,014	0,982	0,998	102,794	0,433	0,426
1,0	1,255	0,01144	-0,203	0,301	0,027	0,981	0,998	109,658	0,265	0,412
2,0	1,369	0,01187	-0,205	0,297	0,043	0,980	0,999	115,351	0,266	0,400
3,0	1,482	0,01246	-0,207	0,288	0,065	0,978	0,999	118,943	0,267	0,389
4,0	1,593	0,01306	-0,208	0,281	0,097	0,975	0,999	121,949	0,267	0,381
5,0	1,703	0,01369	-0,210	0,276	0,149	0,971	1,000	124,453	0,268	0,374
6,0	1,812	0,01365	-0,212	0,271	0,998	0,967	0,998	132,755	0,269	0,367
7,0	1,918	0,01450	-0,214	0,266	0,998	0,962	0,999	132,336	0,270	0,362
8,0	2,023	0,01536	-0,217	0,261	0,999	0,954	0,999	131,679	0,272	0,357
9,0	2,099	0,01630	-0,219	0,258	0,998	0,944	0,999	128,734	0,240	0,354
10,0	2,110	0,03036	-0,216	0,002	0,999	0,833	0,999	69,495	0,189	0,352
11,0	2,133	0,03407	-0,216	0,001	0,999	0,800	0,999	62,599	0,319	0,351
12,0	2,131	0,03838	-0,217	0,001	0,999	0,765	0,999	55,522	0,213	0,352
13,0	2,104	0,04362	-0,218	0,000	0,999	0,726	0,999	48,239	0,241	0,353
14,0	2,053	0,04973	-0,218	0,000	0,999	0,688	0,999	41,282	0,246	0,356
15,0	1,975	0,05676	-0,218	-0,000	0,999	0,650	0,999	34,801	0,249	0,360
16,0	1,837	0,06539	-0,218	-0,000	0,999	0,611	0,999	28,084	0,250	0,369
17,0	1,681	0,07414	-0,218	-0,000	0,999	0,572	0,999	22,677	0,484	0,380
18,0	1,344	0,15174	-0,103	-0,001	0,999	0,013	1,000	8,860	0,522	0,327
19,0	1,210	0,16888	-0,090	-0,001	0,999	0,006	1,000	7,165	0,249	0,324
20,0	1,084	0,19227	-0,103	-0,001	0,999	0,011	1,000	5,637	0,206	0,345
21,0	0,964	0,21332	-0,101	-0,001	0,999	0,009	1,000	4,519	0,289	0,354
22,0	0,854	0,23957	-0,094	-0,001	0,999	0,006	1,000	3,566	0,261	0,361
23,0	0,757	0,25894	-0,098	-0,001	0,999	0,007	0,999	2,923	0,212	0,380
24,0	0,670	0,28495	-0,101	-0,000	0,999	0,008	0,999	2,352	0,224	0,401
25,0	0,594	0,31694	-0,103	-0,000	0,999	0,008	0,999	1,874	0,209	0,423
26,0	0,528	0,33157	-0,107	-0,000	0,998	0,009	0,999	1,591	0,174	0,453
27,0	0,470	0,36779	-0,112	-0,000	0,998	0,011	0,998	1,277	0,156	0,489
28,0	0,419	0,38583	-0,117	-0,001	0,998	0,013	0,999	1,087	0,173	0,530
29,0	0,375	0,40380	-0,120	-0,000	0,998	0,013	0,998	0,930	0,193	0,568
30,0	0,337	0,44398	-0,122	-0,000	0,998	0,014	0,998	0,759	0,181	0,612

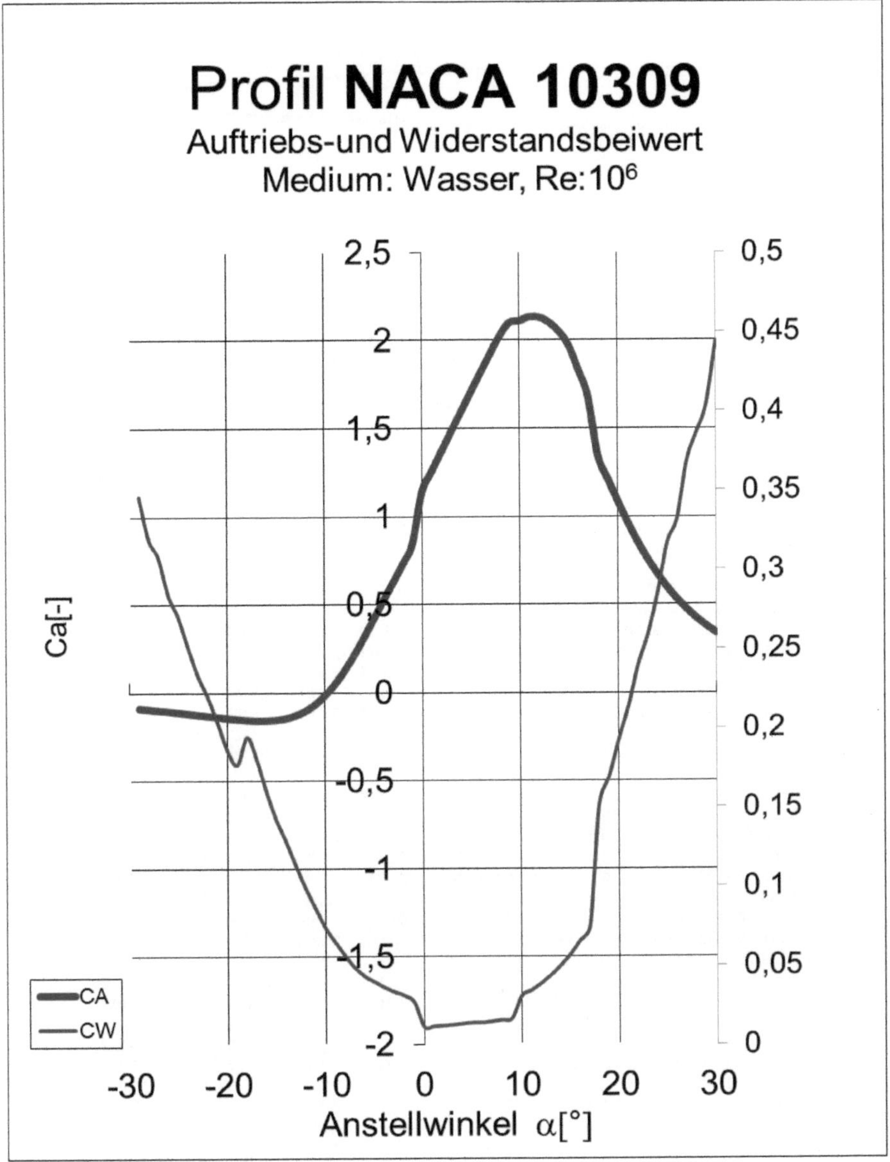
Profil NACA 10309
Auftriebs-und Widerstandsbeiwert
Medium: Wasser, Re:10⁶
Ca[-]
2,5
2
1,5
1
0,5
0
-0,5
-1
-1,5
-2
0,5
0,45
0,4
0,35
0,3
0,25
0,2
0,15
0,1
0,05
0
CA
CW
-30
-20
-10
0
10
20
30
Anstellwinkel α[°]

NACA 0008   Re 1000000   Wasser

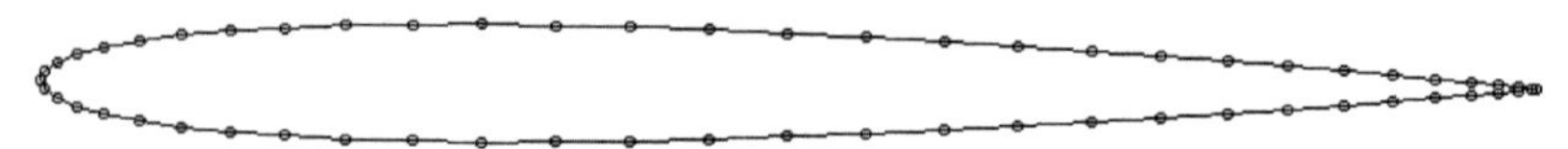

x/l	y/l	v/V	δ_1	δ_2	δ_3	Reδ_2	C_f	H_12	H_32	Zust.	y1
[-]	[-]	[-]	[-]	[-]	[-]	[-]	[-]	[-]	[-]	[-]	[%]
1,0000	0,0000	0,1275	0,013029	0,003229	0,006796	41,2	0,0000	4,0350	2,1046	abgel.	0,0000
0,9973	0,0003	0,8357	0,013029	0,003229	0,006796	269,8	0,0000	4,0350	2,1046	turb.	0,0000
0,9891	0,0010	0,8912	0,006391	0,003380	0,005362	315,1	0,0023	1,8910	1,5864	turb.	0,0296
0,9755	0,0023	0,9328	0,005568	0,003078	0,004941	293,5	0,0026	1,8090	1,6052	turb.	0,0276
0,9568	0,0040	0,9539	0,005048	0,002840	0,004581	275,8	0,0028	1,7773	1,6130	turb.	0,0267
0,9330	0,0061	0,9711	0,004794	0,002673	0,004302	262,8	0,0028	1,7932	1,6092	turb.	0,0269
0,9045	0,0085	0,9830	0,004630	0,002520	0,004029	250,5	0,0026	1,8372	1,5988	turb.	0,0277
0,8716	0,0112	0,9938	0,004450	0,002345	0,003719	236,3	0,0024	1,8971	1,5856	turb.	0,0288
0,8346	0,0142	1,0075	0,004485	0,002210	0,003447	225,0	0,0020	2,0289	1,5596	turb.	0,0316
0,7939	0,0173	1,0178	0,004875	0,002118	0,003211	216,9	0,0014	2,3020	1,5161	turb.	0,0384
0,7500	0,0204	1,0241	0,006387	0,001988	0,003040	205,7	0,0008	3,2134	1,5292	lam.	0,0493
0,7034	0,0236	1,0349	0,005978	0,001890	0,002895	197,1	0,0009	3,1622	1,5313	lam.	0,0461
0,6545	0,0267	1,0426	0,005245	0,001768	0,002725	186,2	0,0014	2,9671	1,5416	lam.	0,0381
0,6040	0,0297	1,0532	0,005090	0,001682	0,002588	178,2	0,0013	3,0252	1,5381	lam.	0,0391
0,5523	0,0324	1,0595	0,004420	0,001552	0,002405	166,3	0,0018	2,8476	1,5498	lam.	0,0329
0,5000	0,0349	1,0714	0,004210	0,001459	0,002257	157,3	0,0018	2,8854	1,5469	lam.	0,0329
0,4477	0,0369	1,0779	0,003637	0,001328	0,002071	144,8	0,0025	2,7379	1,5588	lam.	0,0283
0,3960	0,0385	1,0899	0,003484	0,001240	0,001925	135,7	0,0024	2,8095	1,5527	lam.	0,0289
0,3455	0,0394	1,0945	0,002987	0,001113	0,001740	123,1	0,0032	2,6847	1,5636	lam.	0,0252
0,2966	0,0398	1,1064	0,002719	0,001013	0,001583	112,6	0,0034	2,6853	1,5635	lam.	0,0241
0,2500	0,0394	1,1118	0,002431	0,000907	0,001419	101,4	0,0039	2,6796	1,5640	lam.	0,0228
0,2061	0,0383	1,1181	0,002069	0,000791	0,001243	89,1	0,0048	2,6140	1,5703	lam.	0,0204
0,1654	0,0365	1,1259	0,001785	0,000689	0,001084	77,8	0,0057	2,5902	1,5727	lam.	0,0188
0,1284	0,0339	1,1284	0,001520	0,000588	0,000924	66,3	0,0067	2,5872	1,5730	lam.	0,0173
0,0955	0,0306	1,1285	0,001227	0,000481	0,000758	54,3	0,0086	2,5513	1,5772	lam.	0,0152
0,0670	0,0267	1,1284	0,000939	0,000376	0,000595	42,1	0,0119	2,4985	1,5836	lam.	0,0129
0,0432	0,0222	1,1210	0,000673	0,000276	0,000439	30,3	0,0180	2,4388	1,5913	lam.	0,0105
0,0245	0,0172	1,0966	0,000396	0,000172	0,000276	17,8	0,0367	2,3042	1,6098	lam.	0,0074
0,0109	0,0118	1,0372	0,000205	0,000092	0,000149	6,2	0,1145	2,2352	1,6202	lam.	0,0042
0,0027	0,0061	0,8194	0,000185	0,000083	0,000134	0,6	0,0001	2,2364	1,6200	lam.	0,1414
0,0000	0,0000	0,0000	0,000001	0,000000	0,000001	0,0	0,0000	2,2364	1,6200	lam.	0,0000
0,0027	-0,0061	0,8194	0,000185	0,000083	0,000134	0,6	0,0001	2,2364	1,6200	lam.	0,1414
0,0109	-0,0118	1,0372	0,000205	0,000092	0,000149	6,2	0,1145	2,2352	1,6202	lam.	0,0042
0,0245	-0,0172	1,0966	0,000396	0,000172	0,000276	17,8	0,0367	2,3042	1,6098	lam.	0,0074
0,0432	-0,0222	1,1210	0,000673	0,000276	0,000439	30,3	0,0180	2,4388	1,5913	lam.	0,0105
0,0670	-0,0267	1,1284	0,000939	0,000376	0,000595	42,1	0,0119	2,4985	1,5836	lam.	0,0129
0,0955	-0,0306	1,1285	0,001227	0,000481	0,000758	54,3	0,0086	2,5513	1,5772	lam.	0,0152
0,1284	-0,0339	1,1284	0,001520	0,000588	0,000924	66,3	0,0067	2,5872	1,5730	lam.	0,0173
0,1654	-0,0365	1,1259	0,001785	0,000689	0,001084	77,8	0,0057	2,5902	1,5727	lam.	0,0188
0,2061	-0,0383	1,1181	0,002069	0,000791	0,001243	89,1	0,0048	2,6140	1,5703	lam.	0,0204
0,2500	-0,0394	1,1118	0,002431	0,000907	0,001419	101,4	0,0039	2,6796	1,5640	lam.	0,0228
0,2966	-0,0398	1,1064	0,002719	0,001013	0,001583	112,6	0,0034	2,6853	1,5635	lam.	0,0241
0,3455	-0,0394	1,0945	0,002987	0,001113	0,001740	123,1	0,0032	2,6847	1,5636	lam.	0,0252

0,3960	-0,0385	1,0899	0,003484	0,001240	0,001925	135,7	0,0024	2,8095	1,5527	lam.	0,0289
0,4477	-0,0369	1,0779	0,003637	0,001328	0,002071	144,8	0,0025	2,7379	1,5588	lam.	0,0283
0,5000	-0,0349	1,0714	0,004210	0,001459	0,002257	157,3	0,0018	2,8854	1,5469	lam.	0,0329
0,5523	-0,0324	1,0595	0,004420	0,001552	0,002405	166,3	0,0018	2,8476	1,5498	lam.	0,0329
0,6040	-0,0297	1,0532	0,005090	0,001682	0,002588	178,2	0,0013	3,0252	1,5381	lam.	0,0391
0,6545	-0,0267	1,0426	0,005245	0,001768	0,002725	186,2	0,0014	2,9671	1,5416	lam.	0,0381
0,7034	-0,0236	1,0349	0,005978	0,001890	0,002895	197,1	0,0009	3,1622	1,5313	lam.	0,0461
0,7500	-0,0204	1,0241	0,006387	0,001988	0,003040	205,7	0,0008	3,2134	1,5292	lam.	0,0493
0,7939	-0,0173	1,0178	0,004875	0,002118	0,003211	216,9	0,0014	2,3020	1,5161	turb.	0,0384
0,8346	-0,0142	1,0075	0,004485	0,002210	0,003447	225,0	0,0020	2,0289	1,5596	turb.	0,0316
0,8716	-0,0112	0,9938	0,004450	0,002345	0,003719	236,3	0,0024	1,8971	1,5856	turb.	0,0288
0,9045	-0,0085	0,9830	0,004630	0,002520	0,004029	250,5	0,0026	1,8372	1,5988	turb.	0,0277
0,9330	-0,0061	0,9711	0,004794	0,002673	0,004302	262,8	0,0028	1,7932	1,6092	turb.	0,0269
0,9568	-0,0040	0,9539	0,005048	0,002840	0,004581	275,8	0,0028	1,7773	1,6130	turb.	0,0267
0,9755	-0,0023	0,9328	0,005568	0,003078	0,004941	293,5	0,0026	1,8090	1,6052	turb.	0,0276
0,9891	-0,0010	0,8912	0,006391	0,003380	0,005362	315,1	0,0023	1,8910	1,5864	turb.	0,0296
0,9973	-0,0003	0,8357	0,013029	0,003229	0,006796	269,8	0,0000	4,0350	2,1046	turb.	0,0000
1,0000	0,0000	0,1275	0,013029	0,003229	0,006796	41,2	0,0000	4,0350	2,1046	abgel.	0,0000

α	Ca	Cw	Cm 0.25	T.U.	T.L.	S.U.	S.L.	GZ	N.P.	D.P.
[°]	[-]	[-]	[-]	[-]	[-]	[-]	[-]	[-]	[-]	[-]
-29,0	-0,143	0,40035	0,010	0,992	0,002	1,000	0,023	-0,358	0,232	0,320
-28,0	-0,157	0,36742	0,010	0,992	0,002	1,000	0,023	-0,427	0,233	0,312
-27,0	-0,172	0,34925	0,010	0,992	0,002	1,000	0,023	-0,494	0,234	0,305
-26,0	-0,190	0,32306	0,009	0,991	0,002	1,000	0,023	-0,588	0,235	0,299
-25,0	-0,210	0,29983	0,009	0,991	0,002	1,000	0,022	-0,699	0,236	0,293
-24,0	-0,232	0,28307	0,009	0,991	0,002	0,997	0,022	-0,820	0,237	0,287
-23,0	-0,257	0,25577	0,008	0,990	0,001	0,996	0,021	-1,007	0,238	0,282
-22,0	-0,286	0,24481	0,008	0,990	0,001	0,996	0,021	-1,170	0,238	0,278
-21,0	-0,319	0,22078	0,008	0,990	0,001	0,995	0,019	-1,445	0,238	0,274
-20,0	-0,356	0,20489	0,007	0,989	0,001	0,995	0,018	-1,737	0,239	0,270
-19,0	-0,397	0,18938	0,007	0,987	0,001	0,995	0,016	-2,096	0,241	0,267
-18,0	-0,442	0,17417	0,006	0,986	0,001	0,995	0,015	-2,540	0,244	0,264
-17,0	-0,492	0,15658	0,006	0,985	0,002	0,995	0,016	-3,142	0,243	0,262
-16,0	-0,544	0,13749	0,006	0,984	0,002	0,995	0,014	-3,956	0,240	0,260
-15,0	-0,597	0,12971	0,005	0,982	0,002	0,995	0,011	-4,601	0,239	0,258
-14,0	-0,647	0,11193	0,004	0,981	0,003	0,994	0,008	-5,785	0,240	0,257
-13,0	-0,692	0,09827	0,004	0,979	0,003	0,993	0,007	-7,046	0,243	0,256
-12,0	-0,727	0,08510	0,004	0,978	0,004	0,993	0,009	-8,544	0,242	0,255
-11,0	-0,746	0,07486	0,004	0,976	0,004	0,993	0,009	-9,968	0,204	0,255
-10,0	-0,738	0,06470	0,003	0,971	0,004	0,995	0,010	-11,402	0,264	0,255
-9,0	-0,706	0,05681	0,003	0,965	0,005	0,995	0,011	-12,430	0,291	0,254

-8,0	-0,821	0,00996	0,007	0,959	0,005	0,996	0,990	-82,492	0,318	0,258
-7,0	-0,749	0,00916	0,006	0,949	0,005	1,000	0,995	-81,770	0,261	0,258
-6,0	-0,662	0,00853	0,005	0,939	0,006	1,000	0,998	-77,570	0,259	0,258
-5,0	-0,564	0,00901	0,004	0,918	0,008	1,000	0,998	-62,622	0,25	0,258
-4,0	-0,458	0,00826	0,003	0,883	0,019	1,000	0,998	-55,438	0,258	0,258
-3,0	-0,347	0,00597	0,003	0,855	0,317	1,000	0,998	-58,095	0,258	0,258
-2,0	-0,232	0,00530	0,002	0,830	0,436	1,000	0,998	-43,768	0,258	0,258
-1,0	-0,116	0,00504	0,001	0,740	0,541	1,000	0,998	-23,059	0,258	0,257
0,0	-0,000	0,00488	-0,000	0,656	0,656	1,000	0,999	-0,000	0,257	0,250
1,0	0,116	0,00504	-0,001	0,541	0,740	1,000	0,999	23,066	0,258	0,257
2,0	0,232	0,00530	-0,002	0,436	0,830	1,000	0,998	43,786	0,258	0,258
3,0	0,347	0,00597	-0,003	0,317	0,855	1,000	0,998	58,120	0,258	0,258
4,0	0,458	0,00826	-0,003	0,019	0,883	1,000	0,998	55,459	0,258	0,258
5,0	0,564	0,00901	-0,004	0,008	0,918	1,000	0,998	62,648	0,258	0,258
6,0	0,662	0,00853	-0,005	0,006	0,939	1,000	0,998	77,605	0,259	0,258
7,0	0,749	0,00916	-0,006	0,005	0,949	0,995	0,998	81,770	0,261	0,258
8,0	0,821	0,00996	-0,007	0,005	0,959	0,990	0,996	82,492	0,318	0,258
9,0	0,706	0,05681	-0,003	0,005	0,965	0,011	0,995	12,430	0,291	0,254
10,0	0,738	0,06470	-0,003	0,004	0,971	0,010	0,995	11,402	0,264	0,255
11,0	0,746	0,07486	-0,004	0,004	0,976	0,009	0,993	9,968	0,204	0,255
12,0	0,727	0,08510	-0,004	0,004	0,978	0,009	0,993	8,544	0,242	0,255
13,0	0,692	0,09827	-0,004	0,003	0,979	0,007	0,993	7,046	0,243	0,256
14,0	0,647	0,11193	-0,004	0,003	0,981	0,008	0,994	5,785	0,240	0,257
15,0	0,597	0,12971	-0,005	0,002	0,982	0,011	0,995	4,601	0,239	0,258
16,0	0,544	0,13749	-0,006	0,002	0,984	0,014	0,995	3,956	0,240	0,260
17,0	0,492	0,15658	-0,006	0,002	0,985	0,016	0,995	3,142	0,243	0,262
18,0	0,442	0,17417	-0,006	0,001	0,986	0,015	0,995	2,540	0,244	0,264
19,0	0,397	0,18938	-0,007	0,001	0,987	0,016	0,995	2,096	0,241	0,267
20,0	0,356	0,20489	-0,007	0,001	0,989	0,018	0,995	1,737	0,239	0,270
21,0	0,319	0,22078	-0,008	0,001	0,990	0,019	0,995	1,445	0,238	0,274
22,0	0,286	0,24481	-0,008	0,001	0,990	0,021	0,996	1,170	0,238	0,278
23,0	0,257	0,25577	-0,008	0,001	0,990	0,021	0,996	1,007	0,238	0,282
24,0	0,232	0,28307	-0,009	0,002	0,991	0,022	0,997	0,820	0,237	0,287
25,0	0,210	0,29983	-0,009	0,002	0,991	0,022	0,998	0,699	0,236	0,293
26,0	0,190	0,32306	-0,009	0,002	0,991	0,023	0,997	0,588	0,235	0,299
27,0	0,172	0,34925	-0,010	0,002	0,992	0,023	0,998	0,494	0,234	0,305
28,0	0,157	0,36742	-0,010	0,002	0,992	0,023	0,998	0,427	0,233	0,312
29,0	0,143	0,40035	-0,010	0,002	0,992	0,023	0,998	0,358	0,230	0,320
30,0	0,131	0,42917	-0,010	0,002	0,993	0,024	0,998	0,306	0,229	0,328

NACA 0009   Re 1000000   Wasser

x/l	y/l	v/V	δ_1	δ_2	δ_3	Reδ_2	C_f	H_12	H_32	Zust.	y1
[-]	[-]	[-]	[-]	[-]	[-]	[-]	[-]	[-]	[-]	[-]	[%]
1,0000	0,0000	0,1252	0,014139	0,003419	0,007125	42,8	0,0000	4,1356	2,0840	abgel.	0,0000
0,9973	0,0003	0,8000	0,014139	0,003419	0,007125	273,5	0,0000	4,1356	2,0840	turb.	0,0000
0,9891	0,0012	0,8911	0,007011	0,003613	0,005693	333,6	0,0021	1,9407	1,5759	turb.	0,0309
0,9755	0,0026	0,9242	0,005867	0,003225	0,005168	306,1	0,0026	1,8195	1,6027	turb.	0,0279
0,9568	0,0045	0,9493	0,005458	0,003028	0,004864	291,4	0,0027	1,8028	1,6067	turb.	0,0274
0,9330	0,0068	0,9630	0,004876	0,002756	0,004452	271,1	0,0029	1,7689	1,6152	turb.	0,0265
0,9045	0,0096	0,9836	0,004776	0,002625	0,004207	260,3	0,0027	1,8195	1,6028	turb.	0,0274
0,8716	0,0126	0,9920	0,004431	0,002403	0,003837	242,6	0,0026	1,8444	1,5972	turb.	0,0277
0,8346	0,0160	1,0100	0,004563	0,002296	0,003599	233,3	0,0021	1,9872	1,5673	turb.	0,0307
0,7939	0,0194	1,0162	0,004633	0,002145	0,003297	220,6	0,0017	2,1603	1,5371	turb.	0,0347
0,7500	0,0230	1,0286	0,006990	0,002017	0,003069	209,7	0,0005	3,4652	1,5213	lam.	0,0640
0,7034	0,0266	1,0394	0,006113	0,001903	0,002910	199,6	0,0009	3,2125	1,5293	lam.	0,0485
0,6545	0,0301	1,0493	0,005698	0,001801	0,002758	190,5	0,0010	3,1636	1,5313	lam.	0,0454
0,6040	0,0334	1,0579	0,005004	0,001676	0,002581	179,2	0,0014	2,9860	1,5404	lam.	0,0380
0,5523	0,0365	1,0692	0,004684	0,001573	0,002425	169,6	0,0015	2,9768	1,5409	lam.	0,0367
0,5000	0,0392	1,0777	0,004278	0,001461	0,002257	159,0	0,0017	2,9271	1,5441	lam.	0,0342
0,4477	0,0415	1,0880	0,003759	0,001337	0,002075	147,0	0,0022	2,8124	1,5525	lam.	0,0301
0,3960	0,0433	1,1000	0,003329	0,001219	0,001901	135,3	0,0027	2,7305	1,5594	lam.	0,0273
0,3455	0,0444	1,1101	0,003077	0,001119	0,001743	124,9	0,0028	2,7503	1,5576	lam.	0,0266
0,2966	0,0447	1,1165	0,002727	0,001006	0,001570	113,2	0,0033	2,7113	1,5611	lam.	0,0246
0,2500	0,0443	1,1257	0,002356	0,000892	0,001398	101,2	0,0041	2,6420	1,5676	lam.	0,0222
0,2061	0,0431	1,1348	0,002072	0,000787	0,001234	89,7	0,0047	2,6324	1,5685	lam.	0,0207
0,1654	0,0410	1,1392	0,001757	0,000679	0,001068	77,6	0,0057	2,5876	1,5730	lam.	0,0187
0,1284	0,0381	1,1437	0,001483	0,000578	0,000910	66,1	0,0069	2,5664	1,5755	lam.	0,0170
0,0955	0,0344	1,1437	0,001213	0,000474	0,000747	54,1	0,0086	2,5584	1,5764	lam.	0,0153
0,0670	0,0300	1,1401	0,000909	0,000365	0,000579	41,4	0,0123	2,4871	1,5851	lam.	0,0127
0,0432	0,0250	1,1339	0,000649	0,000268	0,000428	29,7	0,0190	2,4165	1,5942	lam.	0,0103
0,0245	0,0194	1,1044	0,000385	0,000168	0,000272	17,5	0,0385	2,2842	1,6127	lam.	0,0072
0,0109	0,0133	1,0299	0,000205	0,000092	0,000149	6,7	0,1059	2,2352	1,6202	lam.	0,0043
0,0027	0,0068	0,7721	0,000200	0,000089	0,000145	0,5	0,0001	2,2364	1,6200	lam.	0,1414
0,0000	0,0000	0,0000	0,000001	0,000000	0,000001	0,0	0,0000	2,2364	1,6200	lam.	0,0000
0,0027	-0,0068	0,7721	0,000200	0,000089	0,000145	0,5	0,0001	2,2364	1,6200	lam.	0,1414
0,0109	-0,0133	1,0299	0,000205	0,000092	0,000149	6,7	0,1059	2,2352	1,6202	lam.	0,0043
0,0245	-0,0194	1,1044	0,000385	0,000168	0,000272	17,5	0,0385	2,2842	1,6127	lam.	0,0072
0,0432	-0,0250	1,1339	0,000649	0,000268	0,000428	29,7	0,0190	2,4165	1,5942	lam.	0,0103
0,0670	-0,0300	1,1401	0,000909	0,000365	0,000579	41,4	0,0123	2,4871	1,5851	lam.	0,0127
0,0955	-0,0344	1,1437	0,001213	0,000474	0,000747	54,1	0,0086	2,5584	1,5764	lam.	0,0153
0,1284	-0,0381	1,1437	0,001483	0,000578	0,000910	66,1	0,0069	2,5664	1,5755	lam.	0,0170
0,1654	-0,0410	1,1392	0,001757	0,000679	0,001068	77,6	0,0057	2,5876	1,5730	lam.	0,0187
0,2061	-0,0431	1,1348	0,002072	0,000787	0,001234	89,7	0,0047	2,6324	1,5685	lam.	0,0207
0,2500	-0,0443	1,1257	0,002356	0,000892	0,001398	101,2	0,0041	2,6420	1,5676	lam.	0,0222
0,2966	-0,0447	1,1165	0,002727	0,001006	0,001570	113,2	0,0033	2,7113	1,5611	lam.	0,0246
0,3455	-0,0444	1,1101	0,003077	0,001119	0,001743	124,9	0,0028	2,7503	1,5576	lam.	0,0266
0,3960	-0,0433	1,1000	0,003329	0,001219	0,001901	135,3	0,0027	2,7305	1,5594	lam.	0,0273

0,4477	-0,0415	1,0880	0,003759	0,001337	0,002075	147,0	0,0022	2,8124	1,5525	lam.	0,0301
0,5000	-0,0392	1,0777	0,004278	0,001461	0,002257	159,0	0,0017	2,9271	1,5441	lam.	0,0342
0,5523	-0,0365	1,0692	0,004684	0,001573	0,002425	169,6	0,0015	2,9768	1,5409	lam.	0,0367
0,6040	-0,0334	1,0579	0,005004	0,001676	0,002581	179,2	0,0014	2,9860	1,5404	lam.	0,0380
0,6545	-0,0301	1,0493	0,005698	0,001801	0,002758	190,5	0,0010	3,1636	1,5313	lam.	0,0454
0,7034	-0,0266	1,0394	0,006113	0,001903	0,002910	199,6	0,0009	3,2125	1,5293	lam.	0,0485
0,7500	-0,0230	1,0286	0,006990	0,002017	0,003069	209,7	0,0005	3,4652	1,5213	lam.	0,0640
0,7939	-0,0194	1,0162	0,004633	0,002145	0,003297	220,6	0,0017	2,1603	1,5371	turb.	0,0347
0,8346	-0,0160	1,0100	0,004563	0,002296	0,003599	233,3	0,0021	1,9872	1,5673	turb.	0,0307
0,8716	-0,0126	0,9920	0,004431	0,002403	0,003837	242,6	0,0026	1,8444	1,5972	turb.	0,0277
0,9045	-0,0096	0,9836	0,004776	0,002625	0,004207	260,3	0,0027	1,8195	1,6028	turb.	0,0274
0,9330	-0,0068	0,9630	0,004876	0,002756	0,004452	271,1	0,0029	1,7689	1,6152	turb.	0,0265
0,9568	-0,0045	0,9493	0,005458	0,003028	0,004864	291,4	0,0027	1,8028	1,6067	turb.	0,0274
0,9755	-0,0026	0,9242	0,005867	0,003225	0,005168	306,1	0,0026	1,8195	1,6027	turb.	0,0279
0,9891	-0,0012	0,8911	0,007011	0,003613	0,005693	333,6	0,0021	1,9407	1,5759	turb.	0,0309
0,9973	-0,0003	0,8000	0,014139	0,003419	0,007125	273,5	0,0000	4,1356	2,0840	turb.	0,0000
1,0000	0,0000	0,1252	0,014139	0,003419	0,007125	42,8	0,0000	4,1356	2,0840	abgel.	0,0000

α	Ca	Cw	Cm 0.25	T.U.	T.L.	S.U.	S.L.	GZ	N.P.	D.P.
[°]	[-]	[-]	[-]	[-]	[-]	[-]	[-]	[-]	[-]	
-29,0	-0,206	0,41484	0,011	0,991	0,001	0,994	0,022	-0,498	0,236	0,304
-28,0	-0,225	0,39253	0,011	0,991	0,001	0,994	0,022	-0,574	0,235	0,298
-27,0	-0,246	0,35732	0,010	0,991	0,001	0,993	0,021	-0,689	0,235	0,292
-26,0	-0,270	0,34629	0,010	0,991	0,001	0,994	0,021	-0,780	0,237	0,288
-25,0	-0,297	0,32555	0,010	0,991	0,001	0,994	0,020	-0,911	0,237	0,283
-24,0	-0,326	0,29784	0,009	0,991	0,001	0,993	0,019	-1,096	0,240	0,279
-23,0	-0,360	0,27561	0,009	0,990	0,001	0,993	0,020	-1,306	0,240	0,275
-22,0	-0,397	0,24888	0,009	0,990	0,001	0,993	0,018	-1,595	0,241	0,272
-21,0	-0,438	0,23079	0,008	0,990	0,002	0,992	0,019	-1,898	0,241	0,269
-20,0	-0,483	0,20904	0,008	0,990	0,002	0,992	0,017	-2,311	0,239	0,266
-19,0	-0,531	0,19007	0,007	0,989	0,002	0,992	0,015	-2,796	0,238	0,264
-18,0	-0,583	0,16861	0,007	0,987	0,002	0,992	0,012	-3,455	0,236	0,262
-17,0	-0,635	0,15326	0,006	0,985	0,003	0,992	0,008	-4,143	0,240	0,259
-16,0	-0,688	0,13591	0,006	0,983	0,003	0,993	0,009	-5,060	0,246	0,258
-15,0	-0,737	0,12050	0,005	0,981	0,003	0,992	0,009	-6,117	0,244	0,257
-14,0	-0,779	0,10667	0,005	0,979	0,004	0,992	0,010	-7,307	0,242	0,257
-13,0	-0,811	0,09322	0,005	0,977	0,004	0,992	0,010	-8,701	0,248	0,256
-12,0	-0,822	0,08239	0,005	0,973	0,004	0,992	0,018	-9,978	4,446	0,256
-11,0	-0,811	0,07089	0,005	0,968	0,005	0,993	0,033	-11,443	0,235	0,257
-10,0	-0,790	0,05963	0,006	0,963	0,005	0,993	0,069	-13,252	0,282	0,257
-9,0	-0,914	0,01338	0,009	0,959	0,005	0,993	0,972	-68,320	0,285	0,259
-8,0	-0,850	0,01031	0,008	0,940	0,006	0,996	0,990	-82,484	0,263	0,259
-7,0	-0,769	0,00931	0,007	0,926	0,007	0,997	0,993	-82,511	0,261	0,259
-6,0	-0,675	0,00855	0,006	0,917	0,009	0,997	0,995	-78,953	0,260	0,259
-5,0	-0,573	0,00786	0,005	0,907	0,018	0,997	0,996	-72,865	0,259	0,258
-4,0	-0,464	0,00735	0,004	0,859	0,042	1,000	0,998	-63,042	0,259	0,258
-3,0	-0,350	0,00618	0,003	0,843	0,295	1,000	0,998	-56,681	0,258	0,258

-2,0	-0,234	0,00561	0,002	0,767	0,419	1,000	0,998	-41,727	0,258	0,258
-1,0	-0,117	0,00516	0,001	0,717	0,534	1,000	0,998	-22,725	0,258	0,258
0,0	0,000	0,00508	-0,000	0,628	0,628	1,000	0,998	0,000	0,258	0,250
1,0	0,117	0,00516	-0,001	0,534	0,717	1,000	0,998	22,734	0,258	0,258
2,0	0,234	0,00561	-0,002	0,419	0,767	1,000	0,998	41,743	0,258	0,258
3,0	0,350	0,00618	-0,003	0,295	0,843	1,000	0,998	56,704	0,258	0,258
4,0	0,464	0,00735	-0,004	0,042	0,859	1,000	0,998	63,074	0,259	0,258
5,0	0,573	0,00786	-0,005	0,018	0,907	0,996	0,997	72,865	0,259	0,258
6,0	0,675	0,00855	-0,006	0,009	0,917	0,995	0,997	78,953	0,260	0,259
7,0	0,769	0,00931	-0,007	0,007	0,926	0,993	0,997	82,511	0,261	0,259
8,0	0,850	0,01031	-0,008	0,006	0,940	0,990	0,996	82,484	0,263	0,259
9,0	0,914	0,01338	-0,009	0,005	0,959	0,972	0,993	68,320	0,285	0,259
10,0	0,790	0,05963	-0,006	0,005	0,963	0,069	0,993	13,252	0,282	0,257
11,0	0,811	0,07089	-0,005	0,005	0,968	0,033	0,993	11,443	0,235	0,257
12,0	0,822	0,08239	-0,005	0,004	0,973	0,018	0,992	9,978	4,446	0,256
13,0	0,811	0,09322	-0,005	0,004	0,977	0,010	0,992	8,701	0,248	0,256
14,0	0,779	0,10667	-0,005	0,004	0,979	0,010	0,992	7,307	0,242	0,257
15,0	0,737	0,12050	-0,005	0,003	0,981	0,009	0,992	6,117	0,244	0,257
16,0	0,688	0,13591	-0,006	0,003	0,983	0,009	0,993	5,060	0,246	0,258
17,0	0,635	0,15326	-0,006	0,003	0,985	0,008	0,992	4,143	0,240	0,259
18,0	0,583	0,16861	-0,007	0,002	0,987	0,012	0,992	3,455	0,236	0,262
19,0	0,531	0,19007	-0,007	0,002	0,989	0,015	0,992	2,796	0,238	0,264
20,0	0,483	0,20904	-0,008	0,002	0,990	0,017	0,992	2,311	0,239	0,266
21,0	0,438	0,23079	-0,008	0,002	0,990	0,019	0,992	1,898	0,241	0,269
22,0	0,397	0,24888	-0,009	0,001	0,990	0,018	0,993	1,595	0,241	0,272
23,0	0,360	0,27561	-0,009	0,001	0,990	0,020	0,993	1,306	0,240	0,275
24,0	0,326	0,29784	-0,009	0,001	0,991	0,019	0,993	1,096	0,240	0,279
25,0	0,297	0,32555	-0,010	0,001	0,991	0,020	0,994	0,911	0,237	0,283
26,0	0,270	0,34629	-0,010	0,001	0,991	0,021	0,994	0,780	0,237	0,288
27,0	0,246	0,35732	-0,010	0,001	0,991	0,021	0,993	0,689	0,235	0,292
28,0	0,225	0,39253	-0,011	0,001	0,991	0,022	0,994	0,574	0,235	0,298
29,0	0,206	0,41484	-0,011	0,001	0,991	0,022	0,994	0,498	0,234	0,304
30,0	0,190	0,44053	-0,011	0,002	0,992	0,023	0,995	0,430	0,231	0,310

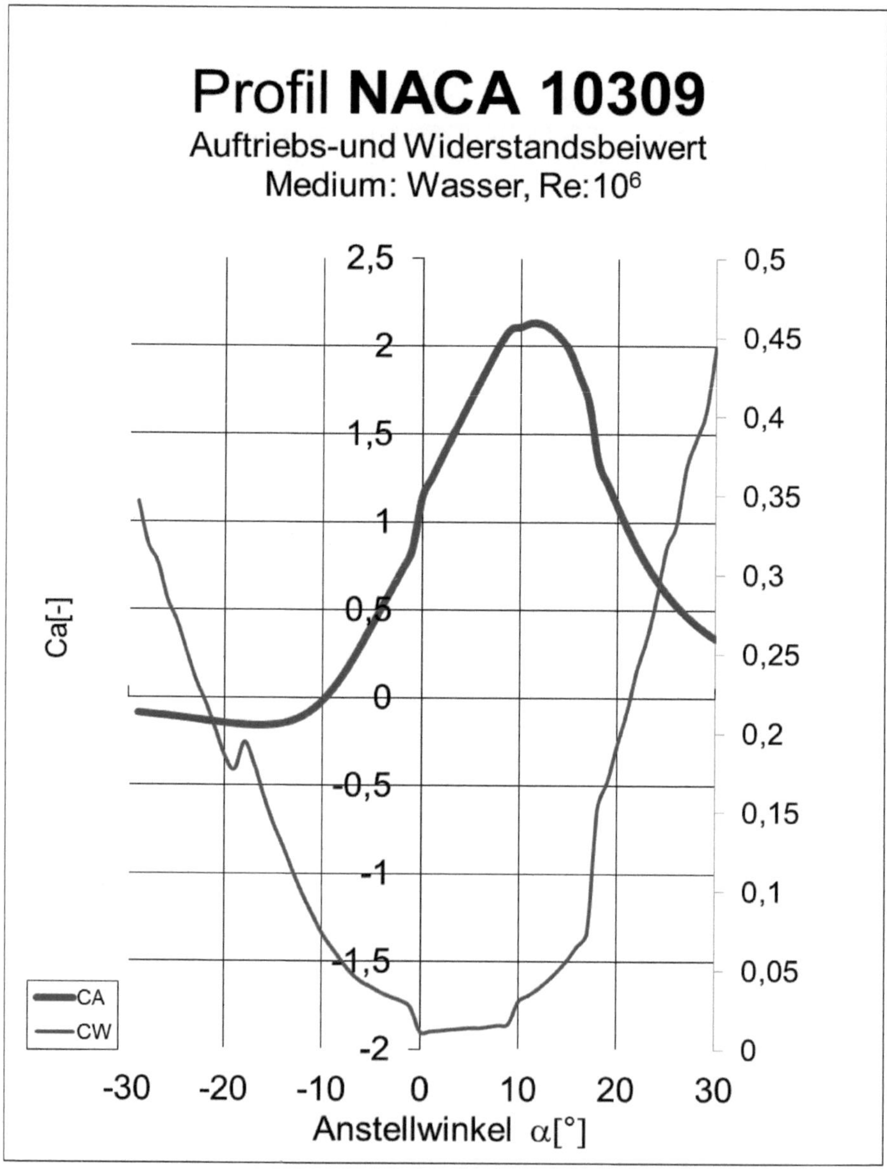
Profil NACA 10309
Auftriebs-und Widerstandsbeiwert
Medium: Wasser, Re:10⁶
Ca[-]
CA
CW
Anstellwinkel α[°]

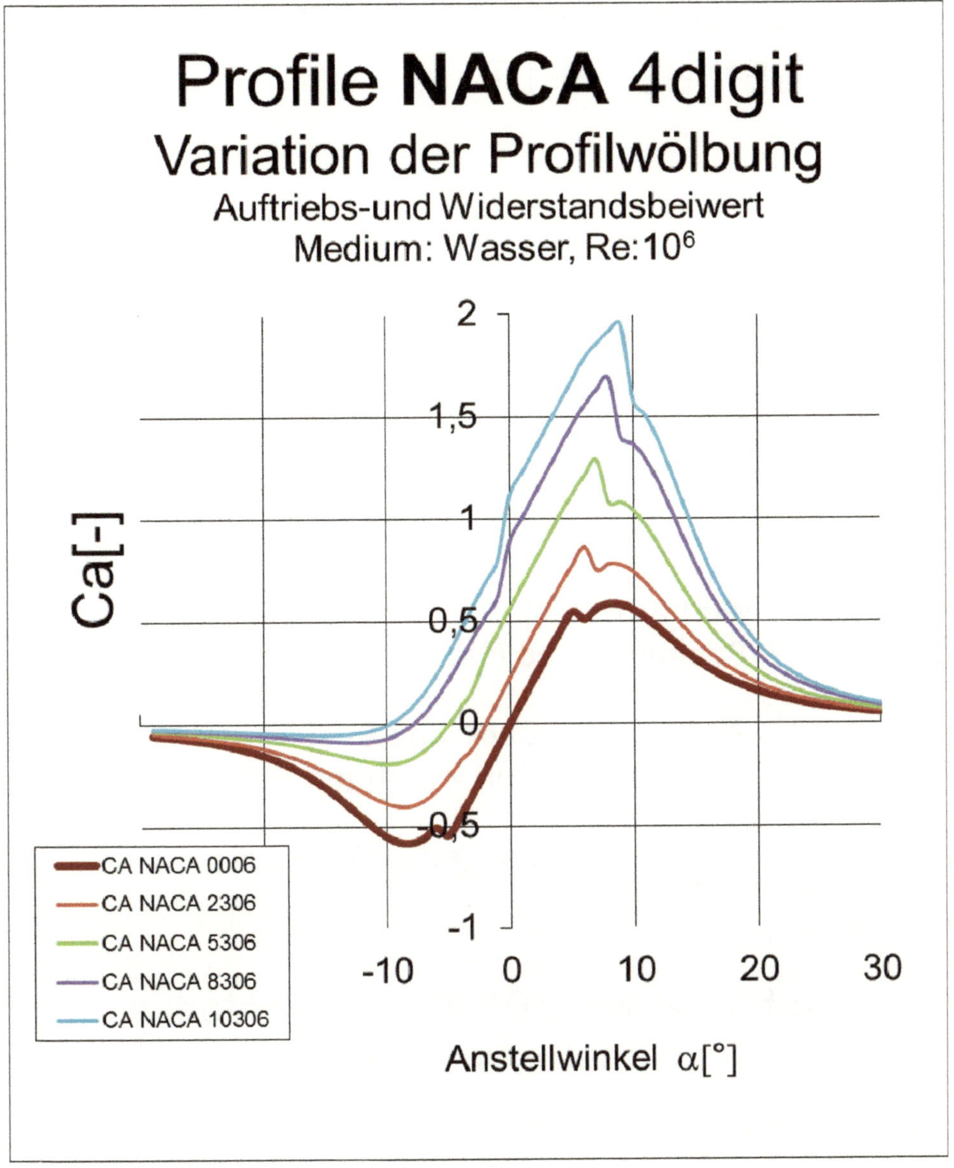
Profile NACA 4digit
Variation der Profilwölbung
Auftriebs-und Widerstandsbeiwert
Medium: Wasser, Re:10^6
Ca[-]
2
1,5
1
0,5
0
0,5
-1
-10
0
10
20
30
Anstellwinkel α[°]
CA NACA 0006
CA NACA 2306
CA NACA 5306
CA NACA 8306
CA NACA 10306